U0391365

乌托邦

朱大可眼中
有着我们未曾体会到的建筑与城市

朱大可

东方出版社

图书在版编目（CIP）数据

乌托邦／朱大可 著. —北京：东方出版社，2012.8
ISBN 978 -7 -5060 -5129 -3

Ⅰ.①乌… Ⅱ.①朱… Ⅲ.①城市–建筑艺术–研究–北京市②城市–建筑艺术–研
究–上海市 Ⅳ.①TU–862

中国版本图书馆 CIP 数据核字（2012）第 173504 号

乌托邦
（WUTUOBANG）

作 者：朱大可
责任编辑：黄晓玉 史 亮
出 版：东方出版社
发 行：人民东方出版传媒有限公司
地 址：北京市东城区朝阳门内大街 166 号
邮政编码：100706
印 刷：北京智力达印刷有限公司
版 次：2013 年 2 月第 1 版
印 次：2013 年 2 月第 1 次印刷
印 数：1—8 000 册
开 本：710 毫米×1000 毫米 1/16
印 张：13.75
字 数：180 千字
书 号：ISBN 978 -7 -5060 -5129 -3
定 价：36.00 元
发行电话：（010）65210056 65210057 65210061

001 \ 花园：莺歌与毒药

男人和女人一起失去了乌托邦的庇护。但历史上的女人，比男人更痛心于花园的得失。女人是这场失乐园灾难的根源，她由此获得了自己的原罪。

035 \ 迷墙：风景与哲学

第一个制造墙垣的人，假借各种遮拦危险的名义，带给人一种自我责罚的工艺。这就是建筑和建筑师的真实意义：他模仿伊甸园的结构，在人间修葺连绵无尽的墙垣。

063 \ 中国建筑的母题冲突

我们的建筑空间就是这样建立起来的，它似乎是以牺牲对时间（永恒性）的感受性为代价的，但这其实是重大的文化错觉。

087 \ 照射中国的光线

电灯照亮了那些诞生物欲和情欲诞生的场所。在那些场所,电灯是斡旋者,它敦促白昼与黑夜达成戏剧性的和解,城市自此走出了漫长的童年。

113 \ 权力美学与新建筑运动

颠覆式的权力美学无视居民和老建筑的情感联系,无视人的生活经验与记忆,无视旧建筑与历史文明之间的表意关系,也无视人与自然的依存关系。

137 \ 十里洋场咏叹调动

在发生过来自上海衡山路的第一声尖叫之后,许多蝴蝶都在预谋发出类似的尖叫。一个真假难辨的叫春

的年代已经降临,对此我将洗耳恭听。

163 \ 空间的乌托邦

数百米高的建筑物和低矮的人群构成了犀利的反讽:这些巨大的人工建筑表面上是为了夸耀人的创造力的,其实却趋向于颠覆人的尊严。

185 \ 华夏地理牛皮书

巨大的水车构成了一个时间的隐喻,它要向我们暗示它对岁月的征服。它是一个被市场加工的精细的历史布景,不倦地旋转在众多游客的猎奇镜头里。

207 \ 跋

花园:莺歌与毒药

男人和女人一起失去了乌托邦的庇护。 但历史上的女人,比男人更痛心于花园的得失。 女人是这场失乐园灾难的根源,她由此获得了自己的原罪。

花园是女人的乌托邦

　　花园是神的庭院、神的居所的美丽延展，以及神为人安排的家园。在花园涉及的领域，花就是它的基本容貌。花园勾勒了本星球的乌托邦梦想。《创世纪》的记载表明，世界上第一座花园叫作伊甸园（Eden），是神为一个名叫亚当的男人所建，位于底格里斯河与幼发拉底河交汇之处，一个现今叫作"古尔纳"的村落里。神在那个领地创造了各种草木。基督教神学家确认，那些树木和花草象征着某种圣体的存在。此外，还有一条小河向园外流去，一路灌溉园里的植物。这河随后分支为四条支流，它们不仅象征宇宙（四方）的控制系统，也喻指了水与生命的内在逻辑。

　　植物、水流与动物（蛇），这三大元素被《创世纪》提取出来，构成伟大家园的核心。《创世纪》从未提到任何建筑物。这是蓄意的省略，旨在强化那种人类"知善恶"前状态的质朴性。前建筑时代的人类，被三大元素所定义，散发出光明纯洁的气息。

　　神又因亚当的寂寞而用其骨头造了一个女人。神指定亚当为其妻子及其花园的掌管人。 但由于蛇和女人一起诱惑他偷吃知善恶树上的果子，他们被一起逐出花园，开始了受难的漫长历程。 神还在伊甸园四周安置守护天使，以阻隔人类重返生命树的道路。

这是一种后果极其严重的丧失。 男人和女人一起失去了乌托邦的庇护。 但历史上的女人，比男人更痛心于花园的得失。女人是这场失乐园灾难的根源，她由此获得了自己的原罪。 她的赎罪方式，就是在大地上重建各种伊甸园的复制品，从而引发出一种深切的改变：花园最终成了女人、儿童和老人的乐土。 这是深刻的人类学转型。 男人被逐出上帝的花园，而女人却重建了自己的世俗花园，成为它不屈的主人。

伊拉克前任大独裁者萨达姆，曾在传说中的伊甸园旧址上建造神殿，指望借此从朝圣者那里获取经济收入。 那座伪造的粗劣建筑，一度引来基督徒、穆斯林和犹太人的朝拜，但复兴社会党人抽干了那里的流水，把它再度变成一片寸草不生的废墟。这似乎是男人跟花园无缘的最新例证。

有迹象表明，在神和女人夏娃之间，存在着某种秘密的契约。 女人用自身的临盆痛苦，向神索取了三种非凡的权利：她在花园里居住的权利、她孩子在花园里嬉戏的权利，以及她父母在花园里居住和养身的权利。 只要查一下人类园艺史就会发现，几乎所有的世俗花园，都是女人意志的产物，并且早已成为女人、儿童和老人的乐园。 这似乎就是那契约存在的隐形证明。但女人与花园的关系，却是其中最核心的事务。

依据历史记载，上述权利的第一位获取者，无疑就是阿美伊提丝(Amyitis)——巴比伦国王尼布甲尼撒二世的王后。 巴比伦大祭司贝罗索斯(Berossus)在《迦勒底》一书中宣称，国王为取悦这个来自弥迪斯王国（Medes）的公主，治疗她的日益严重的思乡病，仿造其故乡的山居环境，于公元前 2350 年前后，在巴比伦

兴建了 "空中花园"。① 这是女人重返花园的重大里程碑。

这座伟大的世俗花园，距离神的伊甸园不远，是一座高达105 米的梯形土山，由若干层平台组成，每个平台就是一座花园。 一个庞大的人工灌溉体系在日夜工作，透过水管和人工喷泉，向茂密的植物群落供水。 从那些奢华的房间里，可以看到水幕织成的帘子，在炎热的盛夏，花园依然保持了凉爽湿润的气息。 它的华丽和优雅，令其他古代建筑都望尘莫及。

我们已经被告知，在巴比伦花园里，女人就是最高的植物，投放在通往神的台阶上，由水和土壤所无限滋养。 这是怎样的女人啊，被强权从波斯移植到新巴比伦，栽入国王的奢侈花坛，像一个无限孤独的囚徒。 这花园既是祖国母体的复制品，也是她的乐园、寝宫和囚室。 最高的植物在那里辗转反侧，痛不欲生。

一则巴比伦的传说向我们指出，王后最后化为鸽子，成仙而去。 这传说至少包含了两种暧昧的语义。 在巴比伦的神学体系里，鸽子是主管爱与育的女神伊斯塔（Ishtar）②身旁的神鸟，巴比伦人甚至直接称少女为 "爱情之鸽"。 这是女人情欲的公共象征。 化身为鸽子，似乎是在暗示王后拥有自己的秘密情人。 另一方面，化鸟也是一种含蓄的讣告，宣喻着某种非正常死亡的消息。 当鸽子和成仙被编织入同一叙事语句时，就意味着王后的死因，必然跟爱情和对自由的渴望有关。③ 它可能是一次绝望的

---

① 巴比伦空中花园(Hanging Gardens of Babylon)，并未悬吊空中，这个名字出于对希腊文 paradeisos 一词的意译。而 paradeisos 一词实际上应直译为 "梯形高台"，所谓 "空中花园"，指的就是就是建筑在 "梯形高台" 上的花园。关于 "空中花园" 的详细资料，可参阅珍妮·罗伯茨著：《圣经中的文明古城》，中国建筑工业出版社 2003 版。

② 巴比伦女神伊斯塔(Ishtar)，在中世纪的魔法书中被术士们描绘成堕落天使阿斯塔罗德，而在《圣经·启示录》第 17 章中，更被斥责为 "世上的淫妇和一切可憎之物的母"。但同时，巴比伦人赞美伊斯塔的颂辞，也被《圣经》所使用，成为赞美神的话语。

③ 在克里特文明中，蛇是大地的象征，而鸽子是天空的象征，在鸽子的语义里包含着对自由的渴望。参见费尔南·布劳岱尔著：《地中海考古——史前史和古代史》，社会科学文献出版社 2005 年版，第 108 页。

病故，也可能是一次壮怀激烈的自杀，甚至可能是一次偷情被发现后的血腥杀害。

犹太教和基督教的语汇表宣称，鸽子是洪水终结的标记，也是人与神和解的记号。它要向世人昭示水的神学意义。而在巴比伦花园的体系里，水最初是一种和解与颂扬，而后便趋向于囚禁和毁灭。水和植物都是柔软的栅栏。王后的卧室，被投放于水和植物的深处，被它们所遮蔽，构成不可思议的幽闭与隔绝。正是由于这个缘故，花园成了女人的华丽葬地。坟墓是花园生长周期的最后形态。

不仅如此，巴比伦女人不仅是国王的羔羊和囚徒，而且还要承受基督教会的诅咒。《启示录》把巴比伦王国覆灭的责任，归结为伊斯塔女神以及所有"淫乱的女人"。这种历史性的误解，为神学塑造了强大的假想敌。花园里的女人，成为末日象征体系中的伦理学罪人。

但世俗历史学家没有屈从于教会的解释体系。空中花园被编入"世界七大奇迹"的谱系，成为上古文明的瑰丽样板。这种世俗叙事是帝国崇拜的产物，它要在权力祭品的面前赞颂权力。全世界的教科书都在缅怀新巴比伦国王的壮举，哀悼这一美学奇迹的湮灭。

在基督教神学和世俗历史学家之间，出现严重的价值分歧。伦理学和美学的对抗经久不息。巴比伦花园的这种精神分裂，就是文明的悲剧性特点。这双重错乱的唯一意义，就是确立了女人对花园的权利关系。千百年来，花园悄然庆祝着自己新主人的诞生。女人的王国在巴比伦时代就已终结，却在此后的岁月里大量复活，重新屹立于大地之上。花园就是女人的乌托邦，它宣告了女人与鲜花（果实）的永久联盟。

花园是亡灵的安魂所

　　几乎所有的花园文明都是从河流里发育起来的。 从两河、尼罗河、印度河（恒河）到黄河（扬子江），这四种伟大的河流滋养了无数的美丽植物，把它们变成了人类的芬芳床褥。 花园的涌现，正是水体文明成熟的记号。

　　苏美尔-阿卡德人的花园文明，向西方缓慢爬行，越过一千年的岁月，进入了北非的尼罗河流域，花园的语义变得更加复杂。 底比斯的高级官员内巴蒙，为我们留下一幅名为《花园》的壁画残片，它属于公元前1350年的时光，呈现出历史上最古老的花园景象：椰枣树、棕榈、无花果树、槐树和开满金色大花（或果实）的不知名树木，聚集成了花枝繁茂的果园。

　　而在古埃及果园的核心，我们看见一座方形池塘，四壁上涂绘着精美的纸莎草纹饰，而在池塘内部，白色睡莲、鸭子和游鱼在安详地生长。 这三种事物被水环绕，继而被树拱卫，成为亡灵透视的中心。 睡莲既是上埃及的国家图标，也是亡灵复活的象征①，鸭子和游鱼则充当了鲜活的祭品②。 在神秘的花园里，多义性的符码浮现了。 这是行政官员的不朽信念，从金黄色的花蕊里升起，光芒四射，照亮了困倦幽暗的道路。

这其实已经逾越了果园的本质。 它被园艺精神所唤醒，洋溢着早期花园文明的宁馨气息。 但埃及人并未简单抄袭美索不达米亚的发明。 他们创建出针对亡灵的独特园艺。 尽管内巴蒙的花园，只是一幅隐藏在墓穴里的蓝图，却修订了花园的未来属性。 从埃及人开始，花园不仅只是生者的乐园，而且可以充当死者的卧榻。 这种新的法则被发现、传播、消亡（隐匿）、重现和复兴，再次经过近三千年的漫长岁月，在印度次大陆完成了最后的亮相。

依据简单的时间算术，花园进化时间表已经昭然若揭。 从公元前 2350 年巴比伦的"空中花园"，到莫卧儿帝国的壮丽陵墓，花园的进化耗费五千年以上的岁月，几乎占用了农耕文明生长的关键时段。 这同时是植物美学的发育周期，它吁请着历史的等待。 我们据此判定，花园就是农业文明的隐秘轴心。 跟周

---

① 睡莲：上古时期上埃及的国家象征。希腊史学家希罗多德称其为"埃及之花"。尼罗河畔莲花主要有红、白、蓝三个品种。红莲花是公元前 525 年由印度经波斯湾传入埃及的，希罗多德称它为"尼罗河的红百合花"，埃及原住民称其为"科普特蚕豆花"或"埃及蚕豆花"。蓝莲花又叫"阿拉伯睡莲"或"水甘兰"，其花鲜艳夺目。但最具代表性的还是白莲花，又称百合花或"香翘摇"。古埃及人甚至用睡莲花做兴奋剂，一方面采用其治疗效果，同时也将之浸入酒中以提神和致幻。正是古埃及人开了康复疗法中芳香疗法的先河。睡莲在古埃及似乎也是性爱的象征。男女们手擎蓝色睡莲花，象征他们具备旺盛的性和生殖能力。还有学者认为古埃及人以睡莲为性药。在古埃及人的葬礼中，睡莲花也是太阳神和再生的象征。古埃及人十分重视死后的再生，迫切希望自己的灵魂能如睡莲花夜合朝放那样在未来复活。图坦卡蒙法老的最内层金棺上就有蓝色睡莲的花瓣，他的头像也显现于盛开的蓝色睡莲花之中，以此象征其再生。在《死亡之书》里有专门的符咒，帮助死者化为睡莲。

② 关于鸭子的主题，可以参见埃及古王国（第 4 王朝）时期墓室画代表作《群鸭图》。埃及贵族的墓葬，为追求"永生"，墓室内流行用壁画作装饰。鸭子是亡灵的祭品，也是亡灵重生时的食物。能作为祭品的还有面包、酒、油、鹅、牛和羊等。

边飞速旋转的事物相比，只有轴心的生长才是最缓慢的。 所有伟大的帝国都已在飞旋的运动中烟消云散，但花园却缓慢刻划着庄严的年轮，伫立在那些肥沃的冲积平原上，犹如神的光芒四射的宝座。

莫卧儿帝国的缔造者巴布尔（1483—1530），一个阿拉伯人和蒙古人的混血儿，开启了中世纪最后的花园修葺运动。 他的孙子阿克巴，印度历史上的伟大君主，也是这个家族中最具天才的园艺师，亲自规划和管理皇家花园，饲养庞大的鸽群。 用草坪、花坛、树林、喷泉、水池、宫殿和城堡，构筑了南亚次大陆上最壮观的园艺织体。 在此后的几个世纪里，皇家花园一直是帝国权力的瑰丽花边。

第一座亡灵花园是胡马雍陵（Humayun's Tomb），1572年由阿克巴的母后哈米达巴奴督造完工，用以安葬第二代莫卧儿王朝成员。 红砂石基座、白色大理石穹顶、笔直的神道、内巴蒙式的方形水塘，所有这些亡灵花园的要素都已具备。 它是一件昂贵的实验品，为更伟大的业绩开辟肃穆的道路。 方形池塘不仅是水体文明的标识，也是精神清洁的象征，而它的第三种功能，就是形成一面巨大的水镜，折射着亡灵的庄严容貌。

阿克巴大帝的孙子沙贾汗，这个自称"世界皇帝"的君主，继承了中亚突厥人的残暴血脉，杀死父亲并篡夺王位，热衷于用囚犯的身体去饲养孟加拉虎群。 同时，他也继承了莫卧儿家族的艺术天才，更狂热地投入了营造花园的事业。 在暴力政治学和花园美学之间，存在着神秘的逻辑联系。 他拥有五千名嫔妃，却只挚爱着第二任妻子，她难产死后，独裁者的头发因悲伤而变白。 沙贾汗为此征用印度、土耳其、波斯、意大利和中国的工匠，耗费数年时间，以胡马雍陵为蓝本，打造出全世界最美丽的亡灵花园——泰姬陵（Taj Mahal），用以安葬那个早夭的女人。泰姬陵拥有两面巨大的水镜（内部的长方形水池和外围的亚穆纳河），映射出白色穹顶和四个尖塔的影子，呈现着无限圣洁的气象。每一面墙壁都镶嵌着用宝石和黄金拼贴的花朵，它们永不凋谢，盛放在亡灵的四周，散发出奢华的香气。

1657 年，沙贾汗被篡位的儿子奥朗则布推翻，囚禁于坚固的阿格拉红堡（Red Fort）。在水位上涨期，从东南角的回廊上，被废黜的王可以眺望亚穆纳河水镜呈现出的陵宫倒影，那似乎就是泰姬的脸庞，它倒悬在果树（生命）和柏树（死亡）之间，发出谜语般的微笑。有一则传说称他用了最古怪的方式——背对着陵园，借助钉在石柱上的镜子进行眺望。①这意味着沙贾汗不仅营造了伟大的亡灵花园，而且借助玻璃镜与水镜的套用，发明了双重的镜语，以占有那座梦幻般的花园。

在沙贾汗的视界里，泰姬陵的镜像是双重倒置的：它先是被水镜作了上下的颠倒，继而又被玻璃镜作了左右的反转。没有人知道他究竟看见了什么。但这无疑是最彻底的十字式空间转换，就像某种奇妙的巫术，用以颠倒图画与生死。镜子释放了被囚禁的梦想，并借此开创着世界的全新面貌。

只有篡位的儿子懂得父亲的用意，传说称他下令挖掉了父亲的双眼，以制止那种快乐的镜语游戏。②沙贾汗的创造物本体，终于从镜子的影像中分离了出去，他沦为一个盲人长达九年。他是自己缔造的权力的囚徒。每当太阳升起的时刻，他无力地端坐在囚室里，倾听鸽子用力拍打翅膀的声音。他知道，那是自由的声音，而镜子已经破碎，真主也弃他而去。他所创造的镜语，连同他的花园，被历史的黑暗所吞没。但在另一世俗的时空里，面对泰姬花园的幻象，游客们发出了无限欢喜的赞叹。

---

① 以上传说，援引自印度德里旅行社的官方导游资料。另一说法称，在被关押的地点，沙贾汗只有使用镜子才能看见泰姬陵建筑主体。此说亦录于此，以供读者自查。

② 罗兹·墨菲著，黄磷译：《亚洲史》，海南出版社 2004 年版，第 252—265 页。

江南园林的折叠时空

中轴线的挫败

江南园林的咫尺山水，引发了一场伦理-美学的变革。 这是明清以来士大夫们最激烈的叛乱。 它的造反从中轴线开始，终止在幽秘花园的深处。

中轴线，最初只是某种宇宙线，用以标示子午（N 极到 S 极）两极间磁力圈的中心位置。 它是天人合一的地理学基础，被皇家天文学家所揭示，而后逐渐演变为极权线，成为帝国都城格局的权力基线。 朱棣营造的紫禁城，在中轴线上堆放了所有的重要政治建筑，犹如木匠沿着自己划定的墨线行走一样。 皇家建筑师们洞悉中轴线和权力的逻辑关系。 毫无疑问，中轴线就是拉长的皇帝意志，划出皇权的逻辑起点。 它是威严的父亲，以及父亲身上的宝石腰带，维系着帝国的政治理性。

权力线的这种坚硬属性，在帝国中后期被逐渐柔化，转而成为一种美学线，用以表达更为单纯的对称信念。 城市和陵墓，帝国之父投射在大地上的影子，像其躯体一样完美无瑕，左右两侧分列着钟楼和鼓楼、东门和西门、左阙与右阙等，犹如大殿上分列两班的朝臣。 所有这些节点对称地分布在中轴线两侧，成为向外延伸的肢体或器官。 中轴线维系着某种二值逻辑，也就是阴阳术框架里的平衡。 这是一种关于秩序的国家主义趣味，它成双成对地自我繁殖，从两边密切拱卫着轴心。

从宇宙线、权力线到美学线，中轴线的进化历程是北方城市规划以及四合院建筑的灵魂。 它是国家主义的最高原则，并且要摧毁一切解构的企图。 在中国历史上，只有江南园林对权力美学实施了隐秘而成功的解构，并且令整个文明出现严重的非对称景象。

江南园林要拒绝父性权力的指令，放弃生硬的几何理性，转而接受自然的感性指导，沿循地貌的天然形态，去构筑全新的家园面貌。 这是一次文人与自然的和解，同时也是对国家建筑信念的失贞。 极权主义的轴心被抽空了，建筑被还原到文人画的散点状态。 像水墨画那样，在同一座园林里，戏剧性地涌现多个中心，彼此独立、连接、呼应、疏离。 甚至连主体建筑（居室、亭堂和书房）都退向了边缘。 大多数园林的中部是水体，但它不是父权的中心，而仅仅是那种被居住者亲偎的母体。 它是自然母亲的隐喻。 一座木桥从上面曲折地越过，仿佛是通往子宫的小道。

二元生活和分裂的智慧

遍查古代文献后我们会发现，几乎所有江南园林都是由高中级文官（现职或退休）所营造，这个事实旨在向我们透露它的建造动机。 在朝廷或地方衙门的权力中心，话语围绕国家主义理念展开，而在园林式家居里，话语却鲜明地转向道家自由主义。这正是双重话语的标志。 中国文官体系，在很长一段时间里还保留着这种人格分裂的遗传特征。 尽管仕途肮脏、黑暗，但大多数文官的分裂，却不是人格的疾病，也不是为了蓄意制造对抗，而只是维系一种互补的格局。 人借此得以二元地生活。 这种寻求自我分裂的智慧，就是维系东方社会运转的心灵秘密。

后来，文官集团的二元化策略奏效了。 朝堂政治和家园生活被彻底分解，推入两个截然不同的极端区域。 跟所谓"大济苍生"互补的"独善"信念，是阳明心学、老庄道学和大乘禅学三者交媾的产物。 在"独善自由主义"指导下营造起来的家园，不再是简单的家庭容器，而是一座人工打造的隐逸山林、一个被模拟和缩微的自然界，以及用各种文化符号堆砌起来的象征体系，它们要收藏所有非国家主义的信念及其器物形态。

那些高耸的墙垣，抑或环绕在四周的外围民居，遮蔽了窥探者的视线。 有的园林体量和容积很大，却故意把门庭弄得狭小而寒伧，仿佛一张细小的嘴，说出卑微的声音，借此制造政治骗局，以避过监察御史的犀利目光。 而在表情低调的园门背后，遍布着物质和精神的财富。 越过园林的窄门，一种宽大的生活已经降临。 苏州留园就是一个范例，但它却被后人阐释成"先抑后扬"的美学骗局，也就是利用前庭的狭小来反衬全园的阔大气象。 这种美学阐释根本无法触及园林的本质，反而制造了可笑的文化错觉。

园林生活的诗意场景

长期以来，"家"一直在向"园"的方向缓慢爬行，走过漫长的时间，而在明代突然飞奔起来。 鉴于某种日常修辞的需要，民居建筑期待着符号化革命，家园将借此向它的最高形态——园林大步飞跃。 而在革命之前，一场器物大爆炸已然爆发。

基于工商业和中层市民生活的繁荣，器物复兴的年代降临了，各种从未有过的物体闪现在明清两代的市井。 建筑、家具、漆器和丝绸愈发精致，市民口味变得日益挑剔，餐馆厨艺技术突飞猛进，性感受及做爱技巧纤细入微，一种享乐主义的风潮，席卷整个江南，令一向被视为文明标本的唐朝都望尘莫及。①

郑和舰队和传教士携带的奇异器物，也汇入了本土器物增殖的洪流。 各种异国香料、珠宝和小型器皿从宫廷里流散出来，成为民间收藏的焦点。 自鸣钟分割了时间，而地图则分割了空间；玻璃家族的事物（眼镜、望远镜和玻璃妆镜等）改善了华夏民族的视力；那些南洋传来的香料，融入了色泽淡雅的丝绸，令女人们变得更加性感。 整个江南都弥漫着欲望的香气。

另一方面，士大夫的感官机能，也日益敏感和精细起来。 他们是一些过敏、好色和富有艺术趣味的文官，渴望在峻切的朝政之外，另辟一种享乐主义的生活。 但政治身份阻止了官员在市民社会的公开放荡。 他们向往自由，却拒绝退隐乡村和山林，而

---

① 参见李孝悌编《中国的城市生活》（新星出版社 2006 年版），以及中川忠英编著，方克、孙玄龄译《清俗纪闻》（中华书局 2006 年版）。

是图谋在家园内部盘桓，探求一种象征主义的道路。 家园和外部世界的界线被抹除了，形成家园一体论的奇怪格局。 这种经过禅宗洗礼的游戏哲学，彻底修改了园林空间的本质。①

江南园林不是种植花树的寻常园地，而是精心构筑的多重文化布景，是家园、书斋、市井和自然的四重奏。 这其实是一种折衷主义的策略，也就是指望在同一个时空里占有四种生活。 其中卧房属于家园，戏台属于市井，而棋阁、水榭和书舫更接近书斋，假山、池塘和林木则象征着自然。 它们分布于不同的院落，被曲折的回廊所隔断与连接，形成一个彼此呼应的混合舞台。 宾主们越过山峦、河流和曲径，诗意地跋涉在自己的家园，选择操琴、弈棋、赋诗、书画、演戏、歌舞、宴饮和狂热地做爱，在自由放浪的状态下，展开关于存在的诸多游戏。

根据曹雪芹的描述，园林生活通常从食色、题写和游戏入手，这是园林生活的三个核心主题。 其中，题写最初是皇帝宣喻权力的方式，以后却受到士大夫的热烈效仿。 题写也是存在的证明。 字词从岩石或居室中大规模涌现，刻录着文人在历史书页里的踪迹。 题写表达了个体生命对时间的反抗意志。 由于这个缘故，题写成为文人超越存在限定的基本方式。

在江南园林里，到处分布各种主题的书斋，其中陈设着名贵的笔、墨、砚、纸，以及各种辅器——墨匣、笔洗、水盂、笔架、镇纸、裁刀、书灯，等等。 这些精巧的工具，被手所拨动，书写各种匾额、楹联、勒石、诗词和书画。 那些字词分布在园林的角落里，像那些火焰摇曳的灯笼，依稀照亮了士大夫在历史中的位置。 不仅如此，励志和劝勉的格言，暗藏隐语的抒情诗句，标语式的大字，都是对存在的隐喻式描述。 题写为园林的符号化生活，标定了一种趣味的高度。

---

① 赵柏田著：《岩中花树：十六至十八世纪的江南文人》，中华书局 2007 年版。

　　与题写相比，饮服则是一种更接近实存的园林活动。 酒、茶和草药所形成的三位一体，魏晋时代就已光芒四射，而在明清两代变得更加完备。 尽管道家秘方已大量失传，但酿酒和制茶的工艺却已完善。 这三种饮品的互动，构筑着文官及其家眷的水意生活。 它们是融解在水里的生命元素，也是一种内在的沐浴，秘密清洗着脏器，调整它们的机能。 酒的感性、茶的理性以及药的斡旋性（调解、修复和治疗，多用于提高性力和寿命），这三种事物分别影响了存在的方式。 这是隐士的自我塑造，他从饮品中获得旷达放浪的风度。 园林是他表演的舞台，而饮品则是他的道具、激素和镇静剂。 他是那种在饮服中自我观看的戏子。

　　游戏是园林生活的高潮。 古琴、围棋、绘画和书法，士大夫精神游戏谱系的主要元素，它们是信仰的代偿品，甚至就是信仰本身，制造着恬淡而超然的哲学。 以超越所有那些存在的焦虑。 禅宗和道家思想渗透了进来，对士大夫们的灵魂进行清洗。 在露台、琴房和棋舫，游戏像风一样吹过，一切本质性的事物都将烟消云散。 熏香和琴声在四周缭绕，无底的棋盘上，符号之间的博弈在悄然进行。 这是文官们的最高趣味，也是他们无法超越的大限。 越过黑白分明的棋子，他们触摸着世界的笑意。

细小美学和符号化栖居

　　明清江南园林的规模，因受国家礼制及个人财力的限定，转而向"细小美学"转型，叫作勺园、壶园、芥子园和残粒园的小型园林遍地皆是，诉说着"小是美好的"的信念，跟皇家园林的盛大气象，形成鲜明的对照。 芭蕉和雨声制造了自然的音阶，而那就是天籁。 宇宙落入院落，停留在花园深处，在那里隐藏、呼吸和长眠。 宇宙的这种细小化，被盆景和微雕的话语说出。 宇宙是一个亲切的过客，蜷缩在每一个盆景、每一朵鲜花或每一个米粒上，从那里向世人微笑。 跟那些细小的盆景相比，园林不过是那种以人为尺度的大型盆景而已。

位于江苏吴江震泽镇的锄经园，占地只有 240 平方米，园内建有四面厅，在其中一个锐角部位，还建了二层楼阁"藜光阁"，阁内仅能容纳一桌。 此外还有游廊和假山，山上甚至建有半座亭子，成为现有盆景化园林的样板。 它的存在，向我们昭示了"细小美学"所能企及的高度。

这无非是一种盆景化生存的策略。 但"小"正是我们切入江南园林的逻辑起点。 这种奇怪的花园，响应着"天人合一"的哲学，却是一个反向的文化黑洞。 它没有融入广阔的自然，而是恰恰相反，它要把花木、山峦和池沼等自然形态收纳到花园内部。 这种看似错乱的逻辑，正是我们要探究的真相。"反向合一"蕴含着花园的危机。 园林设计师将面临这样的追问：究竟要多大的人造空间才能容纳整个宇宙体系？

江南园林机智地解答了这个难题。 反向的"天人合一"要在一个微小的时空里填入宏大的宇宙，就必须把宇宙（自然）元素转换成一堆符号。 其中，山体符号由湖石堆叠的假山来表达，水体符号则是那些精心挖掘的池沼，住宅符号主要由亭台承载，而山林符号就是那些精心布局的树木。 这些被缩微的符号，构成了园林营造的基本语词。 正是这种符号重新定义花园空间，制止了它对土地广度的渴望。①

但江南园林符号是发育不完全的，它介于符号和实体、能指和所指之间，仿佛是一堆进化过程中半途而废的产品。 这正是

---

① 陈从周著：《梓翁说园》，北京出版社 2004 年版。

设计师所预期的后果：江南园林既完成了文化象征，又捍卫了建筑实体的功能，也即居住和游走的权利。 这是世界上最奇特的文化发明，符号化进程没有瓦解实存，却把花园变成了最具诗意的居所。

时空的折叠

符号化手术修改了传统花园的属性。 那些被压缩的空间是畸形的。 咫尺间距的世界，从漏窗借入的景致，自我交叉的回廊，阻拦视线的围屏、院墙和树木，所有这些造园手法，都旨在把大量事物（亭阁和山水）挤压在一起，制造出空间的变形、弯曲、交叠和自我缠绕。 与此同时，时间也遭到了压缩，在行走的过程中，景色在不断置换，四季悄然涌现，这是人在围绕时间旋转。 而在另一方案里，四个方向开窗的厅轩四周，被栽种了四季植物，这是时间在围绕人进行旋转。 这两种旋转方式都制造了时间的折叠。

经过适度的折叠之后，被挤压的时空就能被用以栖居和旅行。 居者与游者在其间同时诞生，他一方面静居和坐卧，一方面涉过高山流水。 他是居民和游民的合二为一。 园林主人足不出门，却已完成了规模浩大的出游。 江南园林抚平了居与游的冲突，把两种截然不同的生活内在地统一在围墙里。 生命的感受性被全部打开了，人得以尽其可能地生活。 世界上还没有任何一种建筑体，能够像江南园林那样，以符号化的方式解决存在的两难困境。

时空的符号化压缩，导致了精神不可名状的弯曲。 一种自我回旋的哲学涌现了，灵魂被折叠起来，蜷缩在一个抽象的空间里。 精神旅行的路线被涂改了。 对于园林而言，家居就是驿站，假山就是浩然宇宙，精神旅行的起点与终点是同一的，江南园林的本性，就是要制造出各种时空的循环。 这种循环不是希腊式悲剧，而是一种超然的东方喜剧，它容忍了人的多重分裂，并且制造出一个终极之圆，被游戏的弧线所描绘。 人是这圆的造物主，也是这圆性情温和的因徒。

在文官们留下的历史笔记里，园林总是被描述成最蛊惑人心的存在游戏。 它是一个近乎完美的乌托邦，超越人类以往所有的花园经验。 几乎所有的园主都沉陷于这个神话，被虚构的自然、市井、书斋和家居所蛊惑。 这正是符号迷宫的特点，却没有像米诺斯迷宫那样使人产生焦虑。 它用意象替代了怪兽，不倦地制造着文人诗情的狂欢。 它不仅阻止了入侵者，也阻止了主体逃逸的狂乱脚步。 迷宫描绘出文化安全的假象。

被折叠的时空具有精神弹性，足以防御来自外部的痛击。在晚明时期，严重的民族危机已经逼近，旧的王朝行将破碎，入侵者以反面的激烈方式，探查着士大夫的忠诚度。 死亡还是生存，这个问题变得异常尖锐，刺伤了文官的良知。 如果园林没有被焚毁，那么它的游戏法则就会庇护园主，使本质化的实存变得轻盈起来。

钱谦益是这方面的一个范例。 在背叛了旧主之后，他携手妓女柳如是，躲入园林深处，以摆脱士大夫群体的责难。 根据历史记载，他的避难所里到处是名瓷、奇石、法帖和古版图书，那些经过题写的女人和古董就是最有效的吗啡，令政治失贞者产生文化童贞的幻觉。 他就此跃入精神的自我循环。 他是迷失在园林意象里的最孤独的符号。

有关江南园林的最重要文献，当推曹雪芹的《红楼梦》，它的另一名字叫《石头记》，直接指向造园的基本材料。 那个叫作贾宝玉的少年，无疑就是作者本人的镜像，但他也是那座园林的精神核心。 无数女人环伺于四周，仿佛是种植在花园里的美丽植物，满含露珠和尖刺，向他的领地发出热烈召唤。

但曹家花园无法被彻底乌托邦化，相反，由于父亲贾政的个人风格，政治伦理仍然是支配人际关系的隐秘逻辑。 第一代园主无法完成人格分裂。 他把冷酷的朝纲带入园林，击碎了第二代的青春乌托邦。 这正是当时大多数园林所共有的病症，尽管大观园的第二代主人曾经诗意地栖居，在其间赋诗、宴饮、游戏和恋爱，但小说的悲剧性结局，标示出这种生活的限度。 正如小说标题所要喻指的那样，那座完美的石头花园，只是我们梦想里的天堂。

章华宫的细腰文明

在文明发育早期的神话年代，中国出现过两座最古老的花园：一座属于男人黄帝（他可能是个女人），叫作"悬圃"；另一座属于女人西王母（《山海经》称其是头"豹尾虎齿"的异兽），叫作"瑶池"。 但关于这两种花园的情形，仅存于《穆天子传》、《淮南子》和《山海经》等"野史"，至今没有任何考古学的佐证。 根据文献提供的信息判断，悬圃的构造酷似伊甸园，它可能来自苏美尔-阿卡德文明，而瑶池则更像是印度河-恒河文明的产物。 这两种传说，都不能成为本土花园起源的可靠证据。

神话年代流逝之后，谣曲年代缓慢走进了历史，这是本土文明开始苗壮成长的年代，它向我们提供了有关"灵台"、"灵沼"和"灵圃"的历史记载。 从《诗经·大雅·灵台》①中可以辗转获知，为了推翻商帝国的统治，周文王急于建立与上天沟通的灵道，动员民工紧急打造"三灵"工程。 其中的灵台，是用以观星

---

① 《灵台》：经始灵台，经之营之。庶民攻之，不日成之。经始勿亟，庶民子来。王在灵囿，麀鹿攸伏。麀鹿濯濯，白鸟翯翯。王在灵沼，於牣鱼跃。虡业维枞，贲鼓维镛。於论鼓钟，於乐辟雍。於论鼓钟，於乐辟廱。鼍鼓逢逢。蒙瞍奏公。

和祭祀的多功能政治祭坛，而那支演奏灵曲的乐队，是灵台工程的副产品；另外两件副产品，则是著名的鱼塘"灵沼"和豢养禽兽的"灵囿"，但它们只是提供鲜活祭品（灵馔）的皇家养殖场，跟国王的娱乐事务毫无干系。现代园林学家宣称，此即最早的皇家花园。这显然是一种学术误判。周代的祭坛和观星台，虽然与权力密切相关，却不是皇家花园的起源，因为作为主角的女人，还没有粉墨登场。

只有楚国的章华宫，可以担当早期皇家花园的代表。公元前537年，楚灵王下令征集十万工匠在都城附近大兴土木，建造章华宫。近年来对"龙湾遗址"①的发掘，证实了这个记载的真实性。古文献记载称其占地四十里，中建高台"章华台"，台高三十仞，又在台周围修建了三千多间亭台楼榭，种植上千种奇花异草。建好高台后，灵王召集诸侯来出席落成典礼，从此住进章华宫，享受起了诗意的栖居生活，直到他的奢靡统治被推翻为止。

我们被告知，章华宫有宫女、园丁和奴仆三千多人，按照国王的趣味，他们必须身穿周朝初年的服饰，把腰束得很细，所以章华宫又有"细腰宫"的谑名。宫女们为取悦国王而节食减肥，多因营养不良而夭折。楚灵王还以女人的尺度衡量男人，宠幸那些细腰的官员，而腰身粗壮者弃之不用，甚至降罪责罚。这是一个典型的双性恋者的逻辑——他不仅要用细腰美学筛选女人，

---

① 1999年以来，考古人员对位于湖北省潜江市西南30公里处的"龙湾遗址"进行勘探试掘，取得重大成果。在4平方公里范围内，探出春秋晚期夯土台基22座，以及贝壳路、台阶、回廊、地下排水管道、榫卯结构的大型柱洞、土木结构夯土台基等遗迹，显露出庭院林立、湖河环抱的离宫气象。考古人员认定，此即历史记载中的"章华宫"，2000年被列为"全国十大考古新发现"之一。

还要借此开拓男同志的娇柔风尚。①

但章华宫不是历史的孤例，它只是春秋战国园林狂潮的片断而已。查阅一下历史典籍就可以发现，仅楚国郢都附近，就有渚宫、钓台、放鹰台等皇家花园，秦国更是得意地炫耀自己所拥有的三百座离宫。晋平公听说楚国建了章华宫，便下令打造更加奢华的晋宫，形成激烈的角逐格局。南方的吴国不甘示弱，修筑了著名的姑苏台和馆娃宫，用以陈列包括西施和郑旦在内的江南秀色。

美女如云的时代降临了。一方面，女人被不断更替的政权所征用，卷入了长达数百年的动乱，以惊天动地的姿色，修改着诸侯国的凶暴容貌；而在另一方面，为了瑰集与陈放美女，诸侯们开始大规模建造花园。他们懂得，只有花园才能幽囚女人的躯体，并从那里打开性狂欢的道路。尽管花园属于女人，但女人却属于国王及其家族。在花园的深处，女人像鲜花那样盛放和凋谢，与花园的土地融为一体。她们的生死，揭示了王国盛衰起伏的节律。

这是一场席卷整个远东地区的花园营造竞赛。美女不仅是细腰的性奴，也是镶嵌在权杖上的宝石。在周王朝分崩离析的年代，诸侯的花园遍及远东地区，而美女的肉身像旗帜那样，高扬在花园中央，成为炫耀政治权力的性感标记。美女政治学和花园政治学彼此呼应，塑造着先秦意识形态的古怪特性。

然而，这还不是花园涌现之谜的最后解答。在黄金和人口（美女）被高度蓄积之后，农业文明急切地探寻着自己的美学出路。帝国花园不仅是权力的象征，也是新文明的华丽展台。先秦的花园政治，就是农业文明的最高表达形态。种植业和畜牧

---

① 为赢得楚灵王欢心，楚国官员们展开了中国历史上一次盛大的减肥运动。《墨子·兼爱》描述说，他的臣子一天只吃一顿饭，并在长吸气后赶紧扎住腰带，只有扶着墙才能站起来。"楚王好细腰，一国皆饿人"描述的正是这种可笑的局面。

业爬升起来，从经济形态跃向美学形态，繁复的政治仪式兴盛起来，高雅的趣味在宫廷里四处传染，犹如一场令人迷醉的瘟疫，猎人时代的粗鄙生活方式，成为羞于启齿的记忆。 我们已经看到，被国王煽动起来的纤腰风尚，宣判了粗壮美学的死刑。 它以病态的方式，重塑着新文明的秀丽样式。 性情残暴的国王坐在花丛里，散发出优雅而矫情的气息。

花园的全新意义被缓慢打开了。 它孕生着哲学和诗歌，像是芬芳的摇篮。 政治说客们穿梭于各诸侯之间，向国王们说出意义深奥的寓言。 他们时常遭到驱赶和冷遇，但有时也会受到盛情款待，邀入皇家园林，从那里享用新美学的成果。 他们在贝壳路上散步，穿过月色迷蒙的树林，采摘带露的花朵，腰间的宝剑发出欢喜的低吟。 那些转瞬即逝的夜景，照亮了苦行者的思想和激情。

据说老子问世于林间，并把李树当作自己的姓氏；庄周是为楚王掌管漆园的官吏，也是杰出的园艺学家；楚国的高官屈原，先秦时期最著名的花痴，热衷于用鲜花和香草装饰自身和房屋，甚至服食菊花以及木兰花上的露水。 屈原是以花为命的人，并且执意要从中找到坚硬的哲学。 他所编织的浪漫诗歌，像月季花的尖刺，弄痛了国王的尊严。 花园、花卉、花香、花果和花刺，所有这些事物环绕着思者的梦乡。 正是这种人与花园（植物）的狂热互动，演绎出壮阔的历史戏剧。

阿房宫的辞赋火焰

在著名的《阿房宫赋》里，唐代诗人杜牧如此描述秦帝国的第一花园：六国的妃嫔和王族女儿们，辞别故国来到秦国唱歌弹琴，成为秦朝的宫人。 她们梳妆的明镜蔚成闪烁的星光，梳理的发鬃形成乌云，泼下的脂粉水在渭水泛起油腻，焚烧的兰香形成了弥漫的雾气，乘坐的宫车犹如奔雷。 无数美女在花园里搔首弄姿，渴望皇帝能宠幸她的身体。 而跟女人一起被收藏的，还有来自六国的珍宝，它们大量冗余，形成垃圾化效应，于是宝鼎成了铁锅，宝玉被视为石头，黄金当成土块，珍珠则沦为砂砾，被胡乱丢弃，竟然无人觉得遗憾。

杜牧的叙事，借助夸张的修辞，从美女收藏和珍宝收藏两个方面重申了皇家花园的功能。 它要证实阿房宫跟章华宫的逻辑统一。 这不仅是先秦花园政治的延续，而且也是它激动人心的高潮。

但考古学家的田野调查已经证实，阿房宫只是一件未成品，而且没有明显被焚烧的痕迹。① 公元前 210 年，由于独裁者的突

---

① 关于阿房宫遗址是否有火烧土出现，媒体的报道多自相矛盾。而考古专家的判定也大相径庭。本文采用中国社会科学院考古所所长刘庆柱的观点，参见刘所撰之《论观念中的阿房宫之到塌》(《北京日报》,2004 年 12 月 20 日)。

然谢世，七十万劳工被紧急征调修陵墓，次年四月重新打造阿房宫，但仅过了三个月，陈胜吴广的起义就风起云涌，帝国陷入严重的危机，所有国家工程都被迫中断。 阿房宫蓝图从此悬置起来，直到被批判知识分子杜牧所续写。

杜牧忽略了一个更加重要的事实，那就是在阿房宫以外，秦帝国早已拥有包括上林苑在内的大量宫室和花园，它们用皇家专道彼此连接，设有遮檐和障壁，独裁者在其间往返，行踪诡秘，仇敌、刺客和百姓都无法窥探。 秦始皇还要求宫中执事领呼万岁，而堂上、堂下、宫门外都须一呼百应。 从宫内到帝国，人人都在山呼万岁，其声浪惊天动地，越出花园的边界，成为整个帝国的主旋律。

杜牧执意书写阿房宫神话，旨在控诉秦始皇和项羽。 他和司马迁一起渲染暴君的掠夺与奢靡，并嘲笑项羽的暴力和愚蠢，由此构成针对当朝君主的犀利讽喻。 它是帝国腐败的象征，同时也是王朝覆灭的隐喻。

但这无疑是一种传统的文化偏见。 正是项羽开启了火焰的伟大事业，也即第一次用火焰来解决仇恨和颠覆的难题。 这与其说是项羽的火焰，不如说是流氓阶层的火焰，燃烧在人民的头颅里，要让所有"万岁"的事物迅速死亡。 这是世间一切流氓的所有渴望。 他们针对朝廷和暴政的仇恨，投射在草莽英雄项羽身上。 他是屠夫、情种、豪杰和失败者的混合体。 虞姬、乌骓马和他本人构成了英雄符号的三位一体。 火焰照亮这三位一体，赋予它暴戾而壮丽的气息。

暴君与叛逆者（流氓）、花园（宫室）与火焰的对位，是我们必须警觉的事物。 火焰首次加入了土木建筑体系，像一位赴宴的贪婪宾客，席卷花园里的一切物体，把它们变成乌黑的焦炭。 而火焰既是终结者，也是塑造者。 阿房宫是第一座因废墟而进入史册的花园，它是花园的尸骸，也是建筑的特殊形式。 基于火焰的支持，它以否定花园的方式赞美了花园，引发我们对帝国的热烈缅怀。 项羽的火焰显示了文化营造的非凡力量。 它塑造了历史上最著名的废墟，令它成为耀眼的政治纪念碑。

在项羽的盛大火焰之旁，出现了一支无名的火炬，微小而柔弱，在风中瑟缩发抖，现身于某个贫苦牧童手里。 根据杜牧诗歌的描述，为寻找失踪的羊只，牧童误入被盗墓者打开的墓道，不慎引燃了地宫木材，导致整个秦始皇陵的毁灭。① 这是暴君所遭遇的双重打击。 他的地上花园和地下寝宫都遭到了焚毁。 火焰似乎成了秦帝国最阴险的敌人。

这两场火灾都是知识分子的叙事阴谋，是利用话语权所进行的话语复仇。 知识分子发动的修辞战争，反过来把火焰元素织入神话的帛书。 花和植物在火焰中燃烧，仿佛是一些稍纵即逝的火炬。 但正如考古学所揭示的那样，花园在叙事者的手里，而非在项羽和牧羊人手里，才变成了规模宏大的废墟。 修辞学的力量，超越了我们的想象。

火焰和花园的形而上关系就是这样确立的。 火光照亮了花园，从反面确认它在历史上的荣耀。 火焰为花园形态的改变打开了道路。 但在古代命理学家看来，火是五行象征体系的成员，代表语词、言说和艺术品。② 火就是言辞本身，它优雅地舔食花园及其植物，制造明艳瑰丽的章句。 它的语义闪烁不定，却亢奋而纯净，保持了炽热的温度，吐着活泼的火舌迅速扩张，展示出世界的精神本性。

中国历史上最奢华的辞赋，从宋玉的《高唐赋》、司马相如的《子虚上林赋》，到杜牧的《阿房宫赋》等，都是关于花园的

---

① 参见杜牧《过骊山作》：始皇东游出周鼎，刘项纵观皆引颈。削平天下实辛勤，却为道旁穷百姓。黔首不愚尔益愚，千里函关囚独夫。牧童火入九泉底，烧作灰时犹未枯。

② 邵雍著：《增广校正梅花易数》，九州出版社 2007 年版。

颂歌。 它们的聒噪、铺陈和华丽，响应着帝国花园本身的奢靡，俨然是后者的精密映像。 而这就是花园存活的证据。 在焚烧暴君和流氓的同时，火焰创造出新的语词花园，供人们在其间诗意地散步。

这意味着花园并未在火焰中崩塌和消亡，而是发生了剧烈转型，以话语的方式继续在世。 辞赋是花园的转世样式。 正是在燃烧的现场，花园获得了永生。 这是器物型实存向话语型实存的飞跃。 自此，阿房宫便活在了史家、诗人和民众的言说之中。但转换制造了语词的迷宫，阅读者的心智受到蛊惑，他们以为自己看见的只是花园的幻象，而实际上却是花园本身。

正是这种历史错觉引发了一场混凝土灾难。 20 世纪末年，就在阿房宫遗址附近，农民出身的企业家，耗资亿万人民币重建了阿房宫。 那是用水泥糊弄起来的伪劣建筑，甚至连十二铜人都是粗俗的水泥制品。 它们排成阵列，面目可疑，呆滞地守望着这个占地五百余亩的赝品，并且注定要面对游客的冷遇。

企业家复制了独裁者的威权，却未能复兴它的花园美学。在阿房宫里，花和所有植物都被判处不在场。 它的建筑主体甚至不能容纳一草一木，以致沦为光秃乏味的硅酸盐广场。 企业家重申混凝土的霸权，却违背了花园的核心原则。 他是乡村生活的怨恨者，企图借助坚硬的工业水泥，反抗祖辈赖以生存的泥土。 而水泥的更大意义，是能够令寄寓在语词里的幻象，变成一种坚实的存在。 这是用器物（实物）复原方式拯救记忆的企图，但它却摧毁了阿房宫的话语形态，而这形态比阿房宫本身更加壮丽。 在历史的迷宫里，企业家茫然四顾，把自己变成了火焰和辞赋的敌人。

圆明园的奢靡幻象

　　圆明园是巨大的建筑拼盘，所有中世纪花园的总和，以及帝国花园狂欢的历史巅峰。① 它征用了大量花园的蓝本——安澜园、寄畅园、如园、鉴园、狮子林等所有江南园林，加上由郎世宁等人设计的法国宫廷花园的摹本，混搭着东方和西方花园的诸多元素。 皇帝在花园美学上的这种开放性，超出了我们的文化想象。 雍正、乾隆和咸丰这三位皇帝，都热衷于花园话语的复制、抄袭和拼贴，显示其全盘吸纳农耕文明的野心。 女真人是农耕文化遗产的采集者，他们延续了把珍兽放养在后院的习惯。圆明园就是这样的复合型文化圈栏，但它并非用来安顿野兽，而是用来寄养那些著名的南方名园。

　　圆明园里的那些园中之园是空间的叠加，也是南方土地的象征。 对它的占有慰藉了统治者，令其产生占有最广袤领土的幻

---

　　① 圆明园有广义和狭义之分。狭义圆明园，仅指圆明园本身。而广义的圆明园，则包括北京西侧的皇家三山五园，它们包括万寿山、玉泉山、香山等三山，以及清漪园、圆明园、畅春园、静明园、静宜园等五园。两次火烧的范围，均涉及广义的圆明园，即整个京西的三山五园。

觉。他们象征性地践踏自己的领地，在其上居住、行走和纵欲，犹如它的亲密主人。这是权力象征游戏的一部分。皇帝及其家族在其间展开政治自慰。不仅如此，那些洛可可风格的建筑、路易十六时代的家具，以及自鸣钟、怀表、眼镜和钢琴之类的精细器具，还令其产生出拥有整个世界的幻觉。花园是帝国地理思想的逻辑起点。耶稣会传教士利玛窦的地图，无法改变这种顽强的国族想象。

这是女真人对汉文化乃至整个世界的全面采集。花园与女人的古老逻辑关系得以延伸。咸丰皇帝，也就是慈禧的丈夫，在各地广征美女几十名，藏纳于圆明园内，分居在各个亭馆，其中最宠幸的有四人，咸丰赐其芳名，分别叫作牡丹春，杏花春，武林春和海棠春，俨然是妓女的艺名，而圆明园的另两座邻园——长春园和绮春园，则更像是民间春宫的称谓。而事实上，它的确是皇帝及其亲属的私人妓院。为了维系血统的纯粹性，清皇室拒绝汉女入宫，于是这座世界上最大的夏宫，就成为一个情色外延的驿馆，用以储藏汉族美女，为皇室成员的合法猎艳提供场所。

除了那些美艳欲滴的女人，花园的物架上也陈列着年代悠久的玉器、瓷器和青铜器，此外还有朝珠、丝袍、绣襦、佩饰、字画和碑帖，其旷世之罕有以及数量之庞大，直到1860年英法联军入园抢劫时才曝光于天下。这是一切东方想象的焦点。狂热的征服者，意外地打开了梦寐以求的宝藏。那些宝物被先前的王朝弃置于库房，而后则成为新统治者建构享乐空间的道具。它们玉立在紫檀木的支架上，散发出温润而幽远的气息。这也是一场浅薄的修辞运动。宝物和美女构成了一种密切的对喻关系。它们互相喻指着对方，又互相成为对方的所指，在狂欢的语境里，共同书写宫廷乌托邦的辞章。

花园的主人从一座花园走向另一花园，穿越了不同质量、体量、语法、风格和气味的空间。 这是组合型空间的魅力，它制造了跨越时空的幻觉。 为衔接庞大的组合空间，复杂的亭式长廊被打造起来，成为迷宫里的结构基线。 在敷设这些基线的进程中，花园的时间悄然涌现了，这其实就是迷宫的时间，每一条长廊和交叉小径，都延展了狂欢的刻度，向无聊的皇帝颁发岁月通行证。 与其说那些长廊是通往不同情妇的卧榻，不如说是通往那些密不可知和令人期待的未来。 这是私人幽会的未来，也寓示着帝国的昏暗前景。

然而，正是在奢华的花园，汉人的历史病毒迅速传染了女真人。 女人和珍宝只是腐化的开端。 花园语法越过秦汉以来的历史记忆，开始腐蚀女真人，把强悍的帝国变成了不堪一击的王朝。 就在圆明园营造的鼎盛时期，骁悍的猎人迅速虚弱下去，被园艺、美女和珍宝所败坏。 那些美丽的事物是剧毒的，它们瓦解了当权者的意志。 圆明园极尽奢靡和豪华的风尚，变成腐化的中心，并且逐渐向外扩散，令整个帝国的官僚系统都变得病入膏肓，而且比任何王朝都更脆弱。

早在夏商周和先秦，花园就已成为帝国的毒药。 无数朝代断送在花园的废墟里。 这方面的例证，除了前面已经提及的楚国与秦朝，还应当包括隋帝国和五代的几位君主。 就连历史学家最为青睐的盛唐，都差一点被玄宗的温泉花园（骊山温泉宫）所断送。 温暖的泉水和丰腴肥润的妃子，从两个不同的向度软化了皇帝的野心，令其沉迷于歌舞声色，沦为一场宫廷政变的牺牲品。 与此同时，整个王朝也面临覆灭之危。 而在苟延残喘的南宋，赵氏王朝也瘫痪在公共花园西湖的面前。 越过烟雨迷蒙的湖岸，低回婉转的谣曲混杂着钟声，魅惑了偏安江南的君主和百官，把他们送入温柔的政治梦乡。

花园就此构成了一个意识形态骗局。 它是农业帝国的最高形态，制造盛世的迷人幻象。 它也是帝国的终结者，它不仅消耗建材和人工，也消耗皇帝及其大臣的生命，把帝国拖向极度衰微的状态。 更重要的是，所有的造园工程都根植于酷烈的盘剥和欺压，它们需要启动专制机器，强征劳役和赋税，并制造出深刻的社会仇恨，以及大批将要消灭自己的敌人。

但花园的瑰丽形态欺骗了帝国统治者，他们以为权力可以制造一切奇迹，包括帝国的永生形态，但花园最终却成了标示帝国死亡的墓碑。 在弃园逃命一年之后，年仅三十一岁的咸丰皇帝就在几百里外的避暑山庄吐血而死，成为这座超级花园的最高殉葬品。 此后，守寡的皇后叶赫那拉氏筹款再建颐和园。 颐和园则更像是圆明园的低级版本，丧失了圆明园的复杂主体，却克隆了那些无限延展的回廊，重现着圆明园迷宫的特性。 这个狂妄擅权的女人，重蹈其亡夫的覆辙，迷失在她自己的后院。

圆明园再现了阿房宫的焚毁命运。 它拥有大面积的优美水体，却在 1860 年和 1900 年被两度焚烧。 这跟项羽律令和农民复仇无关，而主要是外国军队惩戒中国皇帝的后果。

圆明园的火焰比阿房宫的更为嚣张，它两次燃烧在紫禁城的西郊，俨然一曲反面的颂歌。 火焰是优雅的，蔓延出无数灵巧的火舌，到处舔食着木质和石头的建筑，像花环一样缠绕在门框上，喊出花园死亡的噩耗。① 恭亲王奕訢在奏折里描述远眺大火时的反应："目睹情形痛哭，无以自容。" 咸丰在奏折上批复说："览奏，何胜愤怒！" 皇帝和大臣的悲愤，交织在这版简洁的奏本里，犹如帝国的凄凉回声。 耐人寻味的是，身为汉人的士大夫竟然怀有跟皇帝一样剧烈的伤痛。 当时正在酒楼里的豪饮的汉族

---

① 英军翻译官斯温霍在《1860 年华北战役纪要》里写道："在圆明园的主要通道上，我们以伤感的情调，注视着飘荡的火焰卷曲成奇奇怪怪的彩结和花环，并最后捻成一股，环绕在大门上。从屋顶早已覆没的大殿中直升天空的一股黑烟，与'嘶嘶唬唬'、'噼噼啪啪'发声的正在燃烧的红色火焰，为这副现实的图画提供了强烈的背景，好像在为这场遍布周围的毁坏歌功颂德。"转引自王道成主编：《圆明园——历史·现状·论争》，北京出版社 1999 年版。

儒生陈宝箴，目睹圆明园的冲天大火，声泪俱下，痛不欲生。

在花园焚烧的现场，升起了仇恨的火炬，它不仅要照亮了昔日繁华的花园，还要照亮民族创伤的记忆，并从这种自我照耀中获得孤立的信念。那些花园建筑的碎片——拱门、断垣、石柱、雕梁和台阶，像梦境一样浮现在 20 世纪教科书上。从来没有哪座花园像圆明园那样，承载了如此严峻的文化语义。它生前曾是皇帝私人享乐的喜剧，而在死后却转向了无尽的公共悲剧。它遗落的灰烬，比石头更加沉重。

迷墙:风景与哲学

第一个制造墙垣的人，假借各种遮拦危险的名义，带给人一种自我责罚的工艺。 这就是建筑和建筑师的真实意义：他模仿伊甸园的结构，在人间修葺连绵无尽的墙垣。

墙的精神分析

    我们是害虫。 在天空、大地、旷野、山谷、森林和市镇的诸种背景里，我们的罪孽正在显露无遗。 而上帝明察秋毫。 第一个制造墙垣的人，假借各种遮拦危险的名义，带给人一种自我责罚的工艺。 这就是建筑和建筑师的真实意义：他模仿伊甸园的结构，在人间修葺连绵无尽的墙垣。 其中，天堂的墙垣不允许人进入，而人间的墙垣则要阻止人的出走。 正是从这些工匠手里开始了囚室与囚徒的历史。

    但在事实的深处、历史的背面，囚墙诞生的时刻表远远超出了建筑师所有能企及的岁月。 让我们躬身反观自己吧，我们将洞悉：对于肉体，皮肤就是它的墙垣；而对于灵魂，肉体就是它的囚室。 在这里，我要用一种隐喻的语言，说出囚墙的本始性和由此生发出的痛苦根基。

    皮肤与肉体，这是它的在所、它的边界和它永恒的外观。 只有死亡(非在)藐视着它们，死亡把皮肤和肉体从骨架上相继剥去，让赤裸的眼窝蓄满泥土与水。

此外唯一的可能性是人们最热衷于谈论的"革命"。 就这个字词（"革"①）的转义而言，乃是清除人的皮肤，释放出锢闭的心灵，放它在新世界里自由飞翔。 这显然就是对生命的依据的一种挑战。 由于这个缘故，皮肤成了分辨人及其学说的尖锐尺度。 孔丘说：身体发肤，受之父母；②禅者则呵斥说：臭皮囊！③ 反革命与革命的界限一清二楚。

人民是热爱皮肤的。 革命的愿望，要远离它的原初对象——我身，去搜寻一个外在的目标。 这是无可非议的。 那些在文化结构中矗立起来的诸多建筑，是皮肤向外映射的影子与模型，却拥有异乎寻常的质量和硬度，使脆弱的皮肤相形见绌。 因此，革命的愿望最终要被转喻成语言神话，像隐匿于空气里的杳远花香。 在神话的台榭上，一个女人的倩影浮现了千年之久。她的悲啼和眼泪日夜不辍，使国家的皮肤——长城颓然崩溃。

孟姜女运用非凡的兵器，完全越出了人类常识的边界，创造出一个不可复制的奇迹。 所有这些都是对墙垣残酷性的反证：由囚墙所引发的人的痛楚竟然达到如此的深度，以致它反过来摧毁了囚墙本身。 这是我所能见到的对墙的最激烈的控诉。

必须注意孟姜女发出恸哭的具体的理由：长城囚禁了她丈夫杞梁的身体。 恸哭，就是要用眼泪推翻长城，释放被土埋的夫婿。 在这个传说里出现了囚徒的深刻影像：他起初是造墙与守墙的人，而最后却沦陷为墙内的囚徒，被他亲手建造的事物的宠大阴影所吞没。

但这还没有解答杞梁造墙的动机问题。 像所有古代传说所

---

① 革，许慎《说文解字》称，本义为兽皮去毛，后被引申为除旧、变更、改革之义。

② 《孝经·开宗明义章》：身体发肤，受之父母，不敢毁伤，孝之始也。见于汪受宽编：《孝经译注》，上海古籍出版社2007年版。

③ 从禅宗始祖达摩开始，关于身体是"臭皮囊"的说法，不绝于耳，广为传颂，尤以临济的偈语最为著名。

昭示的那样，他的行动被逻辑地外推到另一个人物——皇帝的身上。 后者是全部悲剧的第一因。 正是那个暴君发出了修建长城的严厉旨意，他要借此圈定他的人民，像牧者圈定他的羔羊。①

这是那个可怜的帝王所蒙受的最大的冤屈之一。 建造囚墙，它完全是人对自己颁发的指令，它最初要克服的是对世界的恐惧，而后来则趋向于对自由的厌恶。 秦始皇饱经责备的原因可能在于他的墙垣超出了通常的尺度。 而这不过是事物最外在的形态。 真正有力的墙垣是内生和透明的。 它在人的里面。

对龙的理解正是从这一点上开始的。 龙，就其外观而言是长城的俯瞰图式，就其本质而言是包围着灵魂外缘的皮肤，头尾相衔，仿佛一个抽象成圆圈的套索，描述着它里面的事物的闭抑边界。 如果看不到这点，一切关于龙是什么的谈论都是毫无意义的。 甚至，它可能隐藏着这样一种深远用意：利用人对龙的真相的误解来捍卫囚墙与囚徒的秩序。

龙-墙二象性或是龙所拥有的空间跳跃性，这些方面揭示了墙在精神领域中的特点。 龙是中间价值形态的保护神，以及前者驻扎在个人内心的丑陋代表。 在龙的坚硬皮肤里装填着有关灵魂囚禁的各种律令，它们确切地告诉你：什么是信念的中心，什么是思想应当停止的地点，什么是情感所能抵达的最后界限。 龙通过鳞甲模了墙的硬度，又通过利爪模仿了它的残酷性。 它

---

① 孟姜女的原型"杞梁妻"最早记载于《左传·襄公二十三年》，描述齐国贵族杞梁出战战死，妻子要求国王亲自到家里吊唁来安抚亡灵。汉人刘向在《烈女传》开始添油加醋，称杞梁妻没有子嗣，娘家婆家也都没有亲属，丈夫死之后成了个孤家寡人。杞梁妻"就其夫之尸于城下而哭之"，哭声悲苦，路人为之感动，十天后，"城为之崩"。该传说起初跟秦始皇无关，直到唐代被附会到秦代，以全新的叙事结构，跟暴君发生着奇妙的对偶关系。

的经过精心拼凑的器官充满了诸如此类的功能。①

对龙的图式的容忍和欣赏表明，至少在商周之前，人的形态感受性就已经遭到严重的毒害。与此相呼应的是所谓建筑美学的繁荣。那些屹立于古希腊废墟之上的断垣残壁，旨在证实这种美学有过辉煌的历史。希腊的人民，那些明亮的肉体和睿智的心灵，云烟一般消逝于时间的黑夜，只有墙垣和它的美学永垂不朽。

建筑美学，在这个意义上就是囚室的美学，它要我们学会用宁静的眼光去打量置身其中的上层建筑及其意识形态，并发现那些结构所具有的令人赞叹的崇高性。崇高，就这个词的本意而言，它指的不是人的高度，而是墙的高度。优美，则是对墙的曲折的一种指认，它是比崇高性更重要的概念。墙的高度可以被云梯所克服，但它的曲折度却是无限的。周人对这一美学定律的了解，达到我们难以企及的深度：他们用弯曲折叠的墙修建了"功德林"监狱，没有一个囚徒能够战胜墙的优美性而获得解放。在经历了长时间的逃遁之后，他们又返回到了最初出发的那间囚室。

在崇高与优美两个指数上都达到空前高度的是北京故宫。对此我丝毫不感到奇怪。无限弯曲的赭色高墙、墙与墙之间的冗长甬道、重檐叠盖的阔大殿宇、厚重的宫门和傲慢的门槛，这些在尺寸上被急剧放大了的乡村地主宅院的要素，构成了囚禁皇帝和他的家族的最森严的格局。

在过去的典册里，曾经有人透露出有关皇帝的梦魇。他梦见了墙的倒坍。圆梦者声称它是一个凶兆，预示着国家基业的

---

① 中国传统工艺品上的龙形象，唐、宋、元基本为三爪，有时前两足为三爪，后两足为四爪，明流行四爪，而清代以五爪龙为多。民间"五爪为龙，四爪为蟒"的说法出现于清，以此区分皇帝与臣子的服饰——皇帝穿"龙袍"，其他皇族和臣子则穿"蟒袍"，否则为逾制之举。五爪无疑比三爪和四爪具有更大的力量、权能和犀利性。

危机。 但最后的结果恰好相反：宫墙固若金汤，而皇帝却在墙后驾崩。

这就是建筑美学的真正意义。 美学向建筑师提供关押人的技术要点。 它只要说出这个就够了。 此外，美学只能就这种拘禁本身作出适度的解答。 美学家说，建筑，无论它是物质的还是灵魂的，都毫无例外地构成了对人的空间刑役。 这其实就是剥夺一个自由空间的广度，把它肢解成一堆堆互相分隔的碎片。囚徒，是碎片上的居民，他要在这里面创造生存的奇迹。

我想我已经说出现代微雕技术繁荣的原因。 在建筑美学的顶端，微雕大师使"咫尺山水"的园艺学说达到极至。 他们要让已经逼仄到微观程度的空间，诞生出大数量的物品：思想、字词、人的容貌（肖像）和住宅。 微雕大师用他们的操作重新阐释了空间，或者说，阐释了大空间与小空间、真空间与伪空间、开放空间与闭抑空间的一致性：如果人能够在"米空间"或"发空间"上安身立命，那么人就能够把日常囚室当作无限浩大的宇宙。 缩微技术就是这样取消人与囚墙的紧张性的。

可以肯定，在上述情形中，真正被缩微的不是空间，而是寄存在空间里的囚者。 囚墙及其美学塑造着卑微的人，要求他们放弃一切空间征服和反叛的愿望，并且与墙达成永久的和解。甚至，要求人在与墙垣的美学对话中产生某种崇高的敬意。 空间刑役，尽管以土地、家园、故乡和各种意识形态学说为它的墙垣，但它最终只能归结为对人的存在广度的一种严厉扼杀。

时间刑役不是这样。 由于人从未与时间之神达成任何和解，他只能指望获得一个短暂的时段来安置自己的存在，并对过去、现在和未来做出必要的反响。 一条这样的仅属于个人的时间甬道被命名为"寿"，他在这个法则的限度内爬行。 这就是时间刑役，它为我们打开了另一类囚室，也即把生命投入一个叫作"倏忽"①的刑具，逼迫他在它的尽头就义。 而正是在速朽者倒下的地点，时间之墙高竖起来，分离着人与他的未来。

人被告知说，只要保持存在的伟大荣耀，就能被未来的光辉照亮，借此跃向永恒。 时间就是这样出现的，它在生命囚室的绝望的墙垣上成为逼真的布景。 其中有一道通向未来的假门，上面悬挂着这样的箴言：

> 留下你的身体和思想
>
> 这里只允许姓氏通过

这是合乎逻辑和事实的。 空洞的姓氏穿越时间之墙，像子弹一样在未来的天空呼啸飞行，构筑起稀薄的信念，并把文明的历史改造成一部精致的人名辞典。 如果今天有什么被炎黄二帝或东西二施的姓氏射中，又坚持这就是他的祖先或信仰之源，我们丝毫不会感到奇怪。 而唯一不真实的是姓氏本身：在进入历史传说的同时，姓氏就与它的所指分道扬镳。 只有一些游荡于价值空间的尘埃附上身来，成为充填姓氏空躯的僭替材料。

所有这些由人自己修葺的囚室滋育了人，我们向隅而泣，彻夜悲啼；或者依墙俏立，搔首弄姿。 一种犬类的驯服面孔就是这样显现的。 它们从事有关墙的伟大性的热切交谈，去推动"狱"的格局的形成。"狱"是完美的囚室，它把囚徒塑造成世界上最低贱的物种。

我面对着一幅令人愤怒的图画。 犬的爬行最终结束了人的尊严和自由。 它遭到造字大师仓颉的蔑视是理所当然的。 仓颉看到，在仁慈的黄帝时代，监狱遍及东方大陆，囚徒缘墙而长，

---

① 倏忽，一种古代神灵。

生生灭灭，习以为常。 还有在"家"修行的囚徒，是一些顶着瓦片成长的猪豕①，像快乐的小丑，演出有关家园幸福的喜剧。

那些从字间的深处散发出的思想和嘲笑，使我感到震惊。迄今为止，还没有任何人像仓颉那样，只用几个简单的字形，就说出人类的全部悲剧性本质。 在"家"的格局里，人是自动的囚徒，这是比强迫性拘役（"狱"）更为荒谬的事情。"家"隐含着囚徒的最高愿望：由他亲自来充当墙垣。

这就是我要进一步讨论的"自囚"问题。 一个自囚者，或者说，一个有"家"的人，因对存在的空间和未来充满惧怕而拒斥逃亡。 门是他的终点，床是他的刑具，被衾是他的号衣，躺是他的生活。 我可以援引奥勃洛莫夫的例证。 这个庄严的男人，因禁于俄罗斯的苦难之中，却被逃亡的痛楚前景所惊骇，辗转床第，沉思意义，以维系住肉体与世界的均势；同时也拥有一些细碎多余的动作，有如女人轻柔的聒噪，在躯干四周展开，去证实一个最低限度的存在。

与所有尽情慵懒的囚徒相比，西西弗是无比勤勉的。 他被囚禁在与岩石有关的命运里，从事推石上山的无尽苦役。 神明和人民一起嘲笑他，只有加缪表达了异乎寻常的敬意：这个永不停歇的人，"他是自己生活的主人"。

毫无疑问，正是西西弗自己选择成为囚徒。 在推石上山和弃石逃遁这两种厄运间，这个狡诈的人挑出了较好的一项。 这就是苦役犯全部快乐的源泉：只要爬上山顶，他就能俯瞰一切四散逃亡的人，并为他们将承受众神更严厉的责罚而幸灾乐祸。

我们可以极其通俗地看到，比较美学支撑了西西弗的信念：只要活得不比他人更坏，我就是幸福的。 这样，在这个世界上便只有一个人有理由自杀或逃亡，只有这个人坐落在生命比较级的

---

① "家"字由"宀"与"豕"组成。

最后边缘，因境遇分配的不公正而怒气冲天，在对所有幸福者怨声载道之后，向新的境遇作殊死的一跃。

这就是悬崖境遇的临界感受，尽管只有独一无二者被投入上述境遇，却有难以计数的人在它的经验里辗转反侧，痛不欲生，自以为是人间最不幸的囚徒。 从这样的自我误读里产生了极度的革命愿望。 一团盲目的火焰从卑顺的大地升起，但它却出乎意料地成为洞照未来的光源。 这是与西西弗的法则针锋相对的原理，它痛切地召唤我们逃遁。

长城脚下的国族叙事

墙体在秦始皇时代被广泛运用。 热衷于征服土地的暴君，喜欢在自己巡游的道路（驰道）两边修筑土墙，以阻挡民众和刺客的视线，这种用于阻拦人民的内部长城，跟用于阻拦匈奴人的外墙，形成了强有力的对偶，它庇护着独裁者脆弱的身躯。①

而跟柏林墙和耶路撒冷哭墙截然不同，这座由秦始皇建造的起于山海关并终于嘉峪关，长逾五千公里的"万里长城"，是一个半虚构的神话。 它从未完整地出现于中国历史的场景里。 在经过冗长而详实的考据之后，亚瑟·沃尔德隆在《长城：从历史到神话》②中宣称，它不过是一些破碎、凌乱、彼此断开、错位、平行并列、在时间上叠加的军事建筑物的总称而已。 因为除

---

① 《汉书·贾山传》："秦为驰道於天下，东穷燕齐，南极吴楚，江湖之上，滨海之观毕至。道广五十步，三丈而树，厚筑其外，隐以金椎，树以青松。"此中"金锥"有多种解释，一说为隐藏在路面下的铁条，犹如今日之钢筋，一说为两边防护墙里的钢筋。《史记·秦始皇本纪》：二十七年，筑甬道。正文引应劭云："谓于驰道外筑墙，天子于中行，外人不见。"秦代路墙的存在，似乎是个不争的事实。

② ［美］沃尔德隆著，石云龙、金鑫荣译：《长城：从历史到神话》，江苏教育出版社2008年版。

了司马迁在史记中的两次叙述之外，人们得不到任何文献学、考古调查和航空遥感技术的有力支持。

连续绵亘的长墙（如八达岭长城）、独立的烽火台（如新疆克孜尔尕哈唐代烽火台）、用矩形墙体包围起来的城堡或关隘（如山海关和嘉峪关），这是一些不同形态的土壤与硅酸盐混合物，各自独立，并分别拥有自己的名称，如关、塞、方城、城堑、边墙（边垣）、界壕、塞垣（塞围），等等。这些名词不是关于一个事物的多重命名，而是不同事物的天然分界。尽管如此，这些建筑碎片还是被一条"地理想象线"戏剧性地衔接起来，组成一个完整的叫作"长城"的事物，犹如丝线穿起了散珠。

中国历史学家坚持认为，烽火台或关隘（以下简称"烽台"）之间本来是有墙体连接的，只是因为历史久远，墙体发生了坍塌和流失，而他们正是根据各个烽台之间的距离，计算出了长城的长度。但依据沃尔德隆的考证，大多数烽台都是独立建筑物，它们之间从未出现过彼此连接的墙体。这正是全部分歧的关键所在。对现存许多古代烽台的考察可以证实这点，它们是永恒孤寂的建筑物，需要被守望和查看，却无须冗长的墙体的拱卫。

秦代的长城，只是北方各国边塞的总称而已。嬴政组织起了大数量的民工，试图衔接它们，材料和工艺都很粗陋。但这项工程开工不久，就被贵族（项羽）和农民（陈胜、吴广）的起义所打断，随后就湮灭在时间的河流里。能够支撑现代人经验的，只是明代长城的遗迹而已。它跟秦始皇的政绩毫无干系。朱棣及其后裔重构了彼此孤立的烽台，用墙体把它们衔接起来，形成包括城墙、敌楼、关城、墩堡、营城、卫所、镇城和烽火台等在内的防御工事体系。

根据《明实录·世宗实录》记载，时任宣府、大同和山西辖区的总督翁万达，在 1547 年给嘉靖皇帝的奏折中透露，作为防线的长城由三个段落拼凑而成，其总长不超过一千公里，只是历史学家宣称的一小部分。 但正是这五百多年前的建筑，建构了大墙的基本意象。 它在广袤的山峦上绵延不绝，犹如龙的化身，足以让所有目击者感到震撼。

明代城墙的存在，为向着秦代的历史反推，提供了坚硬的根基，并成为墙体神话运动的依据。 但耐人寻味的是，这神话并非起于中国本土，而是源于西方学者和传教士的东方想象。 身处北京的传教士爬过八达岭长城之后，开始大肆渲染它的存在，并在整个欧洲引发热烈反响。

启蒙运动领袖伏尔泰在《哲学词典》中赞美说，埃及金字塔跟长城相比，"只不过是稚气十足、毫无用处的石堆而已"。 英国马嘎尔尼爵士则推断说："在（长城）修筑的遥远年代，中国……是一个非常智慧善良的民族，或者至少具有这样为子孙后代考虑的远见卓识。"①

20 世纪初叶，也即载人航天器上天的半个世纪以前，就已有欧洲人言之凿凿地宣称，可以从月球或火星上看到长城。 而人们普遍接受了这种想象性推论，把它当作一个不容置疑的地理学事实。

只有卡尔·马克思把长城喻为落后自闭的中国社会体系的象征，称它是"通向原始反动保守中心的门户"。② 他甚至嘲笑说，欧洲革命者在逃亡到亚洲时，可能会在长城上读到下列铭刻：民主、自由、平等、博爱！ 这真是对长城的一种尖锐讽刺：它的初始语义，从防止、关闭、镇压到暴政，都是这四种普世价值的死敌。

---

① ［英］马嘎尔尼著，刘半农原译：《乾隆英使觐见记》，重庆出版社 2008 年版。
② 马克思，恩格斯著：《马克思恩格斯论中国》，人民出版社 1997 年版。

马克思的批判立场，在中国内部得到热烈响应。 闻一多写于 1925 年的长诗《长城下之哀歌》，称其为"旧中华的墓碑"，而自己则是"墓中的一个孤魂"，明确指明长城就是民族象征，同时也是民族衰亡的重大标记。 诗人还宣称自己和长城都是"赘疣"，因而应当把长城一头"撞倒"。 这蓄意颠覆的激进态度，完全符合经过新文化运动洗礼的知识分子的逻辑。 它要悲恸地勾勒长城的负面镜像。

尽管孙中山和毛泽东都曾经对长城给予高度评价，但长城造像的真正复兴，完全在于日本发动的侵华战争。 左翼的中国电通影片公司拍摄抗战电影《风云儿女》，主题曲就是聂耳谱写的《义勇军进行曲》。 编剧田汉在歌词里如此写道："起来，不愿做奴隶的人们，把我们的血肉筑成新的长城。"长城再度被赋予了抵抗者的崇高寓意。 它不再是自我隔绝和封闭的象征，转而成为正义抵抗的象征。 这是建立在国际正义底线上的国族符号，并成为中国人展开民族抒情的母题。 当其在 1949 年 9 月成为代国歌后，长城神话借助跟新中国的语义关联而获得最终确立。它以民族抵抗和自我保护的象征，成为国族叙事的修辞核心。

长城有时被称为"民族脊梁"，有时则被形容为一条横卧在中国北部的"苍龙"，就连攀登者都能成为"好汉"。 这些转喻拓展了城墙的意象和语义，令长城叙事变得更加宏大华丽。

八达岭长城每年要接待数千万游客，乃是中国最大的旅游景点。 人们在上面竞相展开题写运动，在每一块砖石上铭刻自己的姓名，表达进入历史的卑微渴望。 没有任何一块位于体表的砖石能够幸免于难。 题写，就是企图超越时间，让自身的姓名跟长城一起永存。 正是基于这种粗陋的题写，长城的公共神话获得了延伸，跟每个游客的私人梦想融为一体。

但这与其说是一种崇拜，不如说是一种解构，它最终消解了长城的至高无上性，令它成为可以任意阐释的事物。 而更深刻的解构则来自住在城墙脚下的民众，他们热衷于拆卸城砖，用以打造自己的卧室和猪圈。 而地方一些行政管理者对此无动于衷。 他们对长城的膜拜，仅限于话语的层面。 但这完全符合长城作为神话话语的特征。

在高唱长城的民族价值的同时，孟姜女的哭泣声还在凄厉地流传。 一个贵族之妻的眼泪，原本用以抨击齐国的战乱，却被人们移植到秦始皇身上，成为指证其政治暴行的重要证据，而死难者的身份也从大臣变为平民。 这是何其感人的民间传说，向我们揭出秦帝国的黑暗性。 这是从长城神话中派生出来的反面神话。 这控诉如同赞美一样，坚硬地附着在长城的巨大幻象之上。

民族主义神话的绝对性胜利，把长城叙事推向了历史的最高潮。 作为冷兵器防御体系的主体，长城是农业时代的马其诺防线，却从未阻止过北方牧人的大规模南下，反而成为人们闭关自守的心理屏障。 这语义还在发挥着一定的功效，迫使它的信奉者保持受虐（受辱）人格，坚守文化抵抗的心防。 在融入"世界体系"的缓慢进程中，长城叙事是最后的精神防线。

哭墙上的眼泪与教义

耶路撒冷哭墙（Wailing Wall），世界上唯一以哭泣为主题的建筑物，向我们呈现出无限古怪的容貌。 历史上被明确记载的另一座哭墙，只有秦始皇制造的长城，据说它被一个叫作孟姜女的反叛者哭过，并且因而发生严重的坍塌。 这神话恰好是耶路撒冷哭墙的反题——哭者要用眼泪来反抗这暴政的象征，但在耶路撒冷，哭者却不是抵抗的战士，而是虔诚的信徒，要以眼泪来传递对于神的呼告。 墙不是哭者的敌人，而是他们伟大而沉默的倾听者。 墙代表了神的听觉及意志。

哭墙拥有漫长而曲折的历史。 它由大卫之子所罗门打造，属于圣殿的一部分。 罗马希律王的远征军严酷镇压犹太教起义，围攻耶路撒冷，杀死数十万犹太人，焚毁圣殿，仅留下西部的少数台基，并在其上加筑一道护墙，借此表达罗马帝国的威权。 这就是所谓哭墙，它由白石灰石构成，其宽度为 50 米，高度约 20 米，底层石头来自希律王时代，中层属阿拉伯帝国时代，而上层则属 19 世纪的奥斯曼土耳其帝国时代。 岁月的层层叠加，加剧了哭墙的沉重性。 罗马人的岩石是如此厚重，以致它压住犹太人的呼吸，长达两千年之久。

　　但在公元初年，也即耶稣崛起的年代，欧洲人误以为耶路撒冷就是欧洲的东部尽头，而这面残墙便成了欧亚大陆的分界线。在墙的背后，是辽阔的亚洲大陆，它向东延伸，直达深不可测的远东。

　　就在所罗门圣殿被罗马人焚烧之时，据说有人看见六位天使坐在残墙上悲伤地哭泣。天使的眼泪渗入石缝，犹如高强度的黏合剂，令圣殿的残壁永不倒塌。这是关于哭墙的永恒性的迷人阐释。而这跟孟姜女的眼泪完全相反。中国女人的眼泪飞溅在墙上，溶蚀了砖石间的黏合剂，进而变成浩大的洪水，冲垮了帝国围墙的根基。这是对抗性的神话叙事，分别屹立在亚洲的起点和尽头，标示着人与墙的两种形而上关系。

　　拜占庭帝国允许犹太人可以在圣殿毁坏的年度纪念日进行哭祷。西面的残墙终于演变成了"哭墙"。千百年来，大批流落世界各地的犹太人前往石墙，以诵经和祈祷的方式，痛诉流离失所的悲伤。20世纪，被纳粹德国杀害的犹太人多达六百万人，他们的家眷和族人，汇入了哭泣者的庞大行列。经过近两千年抚摸和洗濯，部分哭墙的石面已经被打磨光滑，颜色发暗，闪烁出泪痕般的光泽，仿佛是无数犹太亡灵的印记。

　　这是历史中无限延展的哀歌，回荡在墙体的上空和内部，而"降罪的上帝"对此保持了恒久的沉默。在《文化神学》中，神学家保罗·蒂利希把犹太民族描述为"时间民族"，因为它占有了历史和时间，却没有自己的领土。[①] 在1948年以色列复国之前，哭墙是唯一的例外。它是最后残留的空间，屹立在圣殿的废墟上，成为犹太人家园的狭小象征。而就在哭墙附近、原圣殿主体的位置上，坐落着伊斯兰教的两处圣地——岩石清真寺和阿克

---

　　① 保罗·蒂利希著，陈新权、王平译：《文化神学》，中国工人出版社1988年版。

萨清真寺。六角旗和新月旗彼此对峙。在正午时分，垂直的阳光令白色的石墙亮得刺眼，跟白色的清真寺一起，构成了坚硬、逼仄而苍凉的风景。

2002年7月，耶路撒冷"哭墙"首次开始"哭泣"：巨石上出现了一道泪痕般的水渍，经过数日风吹日晒，依然如故。在犹太教典籍中，这一圣迹意味着救世主弥赛亚即将降临。而在另一犹太教派那里，哭墙流泪就是世界末日的预兆。跟以往的任何眼泪不同，这是神自身的眼泪，经久不息地流淌在哭墙上，昭示着某种难以破解的寓言。如果这是神的眼泪，那么神为什么哭泣？他为谁而哭泣？在人类哭泣了数千年之后，他为什么要接管这项人自身的精神事务？

尽管这些问题是难以索解的，但奇迹已经提升了哭墙的威权性。在犹太人完成复国计划之后，哭墙不再是民族空间的象征，而是成为民族隔离的隐喻。犹太人中广泛流传着这样一种信念，即这墙不仅意味着庇护，也意味着分割，也就是分离神的选民与外邦人，以保证它在血统和信仰方面的双重纯洁性。就在发生神泣奇迹的同时，哭墙生出了它的后代——"安全围墙"，由数米高的钢筋混凝土墙体、铁丝网、高压电网、电子监控系统组成，跟柏林墙的形态极其相似。它不仅用以防范来自巴勒斯坦的袭击，而且要成为种族隔离的样本，表达犹太人自我守贞的古老信念。

这其实就是《旧约》所设定的围墙，它超越了我们对它的阐释和期许。成年割礼从另一方面强化了这种分隔的语义。割礼通过去除包皮，令龟头更易受到物理刺激，激发更多的性生活，借此大幅提高人口制造的产量。而这正是种族隔离的结果。在自我闭合之后，犹太种族必须仅仅依靠自己的精子去完成生育和繁衍的使命。割礼是一项伟大的发明，在历经浩劫之后，它庇护了犹太人的香火。

　　有一则关于割礼和包皮的笑话，说是某位犹太泌尿科大夫，毕生做过无数起割包皮手术，赚下一大堆包皮，始终舍不得丢弃。退休之后，他把这些包皮交给皮匠，用它们缝制成一个精美的钱包，送给了自己的女友。这时奇迹发生了：一旦经过女人的抚摸，这只神奇的小钱包就会膨胀为大箱子，大到足以装下女人的全部家当。

　　这是耐人寻味的寓言，向我们暗示了包皮的暧昧特性：它是用皮肤打造的蛋白体墙垣，用以防止过度的刺激和欲望，同时又传导着来自外界的颤动。而犹太人在打造各种精神之墙的同时，却为本族男人拆掉细小的肉身围墙。这种关于墙的悖论，就是犹太教义的特征。在失去肉墙之后，犹太人将耗费毕生时间去召回它的替代物。他们踉跄的步伐，终于停栖在哭墙的面前。他们不仅要就此缅怀大卫王的事迹，而且还要痛悼那片温存柔软的迷墙。

柏林记忆：大墙、逃亡与涂鸦

冷战爆发以来，几十万东德居民越境向西德逃亡，对于民主德国的脸面和内脏构成严重威胁。 为阻止大逃亡浪潮，东德政治局紧急会议作出一项秘密决定：建一座"长城"来阻止人民大规模外逃的浪潮，借此剪除人民的梦想与希望。

1961 年 8 月 18 日，柏林墙（"Berliner Mauer"or"Berlin tall wall"）开始全面修葺。 它建于东西柏林之间，并延伸为整个东西德的边界，总长 166 公里，墙高约 4 米，宽 0.5 米，墙体上缘焊有光滑的圆形铁筒，有的地段还附有一道 3.5 米高的通电铁丝网及壕沟，用以阻止本国民众攀越逃亡。 整条墙带布有数万名军警、300 个观察炮楼、22 个暗堡、数千个电子眼和 250 条凶狠的警犬，成为二战后德国分裂与冷战的地标。

1961 年 8 月 22 日，民主德国政治局再度下令，指示边防军可对越墙逃跑的人实施无情射杀。 两天后，18 岁的彼得·费查（Peter Fechter）被击毙于大墙之下。 这是第一个慷慨就义的逃亡者，开启了东德民众为"自由"赴汤蹈火的漫长历程。 在长达二十八年的岁月里，人们采用跳楼、挖地道、游泳、弹射、热气球和重型汽车等方式突破高墙，其中有 5043 人成功地逃入西柏林，而 3221 人遭到逮捕，239 人为此付出了生命的代价。 他们的墓地成为柏林墙的阴郁陪衬。

美国的两任总统——肯尼迪和里根，都曾站在柏林墙外向这座墙垣发表演讲。 肯尼迪在《我是一个柏林人》的演讲中这样"骂墙"道："自由有诸多困难，民主也并非完美，但我们从未建造一堵墙把我们的人民关在里面。"里根则面朝大墙高喊："戈尔巴乔夫先生，请推倒这堵墙（Tear dawn the wall）！"1989 年 11 月 9 日，这座囚墙被激愤的德国民众所推翻，许多东德公民涌入西德，与那些分离已久的亲友们拥吻重聚。 全世界电视观众目击了这一令人震撼的场景。

这是墙之现代性叙事的罕见高潮。 为抨击墙背后的事物，在其诞生十年后的 20 世纪 70 年代，一场涂鸦运动开始悄然兴起。 西德居民、外国游客和艺术家一起，在墙的西侧展开涂鸦活动。 长达二十多公里的墙体，被各种古怪的符码所覆盖，由此书写世界涂鸦史最漫长的一页。 柏林墙是国家的皮肤，而涂鸦者的笔刺痛了它，仿佛是一种反面的刺青，细小而尖锐地烧灼着东德的神经。

涂鸦是一种侵犯和挑战的姿态。 它是墙体的单侧书写。 由此在墙的两面形成分裂的场景：一边是逃亡、死难和全副武装的士兵，一边是用颜料制造的挑衅与狂欢。 这场美学博弈缓慢而低调，犹如一场马拉松战役，一直延续到两德统一。 但西德领导人为了抚平记忆的创痛，竟然在 1990 年匆忙拆除柏林墙，导致大量涂鸦被毁。 所剩残垣中最长的一段，约有 1316 米，被人称作"东区画廊"（Eastern Gallery），117 名来自 21 个国家的艺术家，继续在此制作壮观的涂鸦作品。

柏林墙上的最初涂鸦，只是一种沉默的呼叫。 它们由名字和时间构成。 那些"约翰"、"杰克"、"达瓦"和"1980"之类的数字混合起来，似乎在向另一侧的恋人或亲人，发出剧烈无声的呐喊。 而有时，它们却只是一种爱的耳语，像风声一样掠过铁幕，消失在墙后的荒凉原野里。 但有的名字则仅属于签名，它是休闲游客的自我纪念，旨在表达"到此一游"的快乐。 我们还可以看到一些书写完整的口号式句子（如"NO MORE WARS, NO MORE WALLS"），用以宣叙关于自由的信念。 此外，还有大量意义不明的语词（如"RATE"与"FUN"之类），作为冗余物攀附于墙体之上，犹如岁月爬行后留下的踪迹。

柏林墙的某个段落还出现过来历不明的红色小环，很像古老岩画的片段，但更多的却是关于骷髅、标靶、毕加索式的和平鸽的符号。 更引人注目的是那些短小的视觉叙事，其风格除了典型的涂鸦画派，还涉及稚拙画、立方主义、野兽派等，而母题分别指涉了爬墙者、动物、毕加索式的大眼巨齿人物。 其中最著名的是弗鲁贝尔描述勃列日涅夫和昂纳克的"兄弟之吻"，以及布里奇特·肯德尔所画的那辆撞开一个墙洞的"卫星"牌汽车（民主德国的政治符号），等等。

柏林墙涂鸦的价值，从一开始就呈现为多样分裂的形态。它既是向专制权力的示威，也是针对墙体自身的一种游戏和反讽。 涂鸦者不仅要为这座监狱下定义，判处它有罪，而且也要跟它嬉戏，对它实施戏谑式的反击。 令人惊讶的是，柏林墙上没有出现恶毒的诅咒，而只有大量关于思念的爱语。 跟东德警察的仇恨与枪弹相比，这是极其柔软的"天鹅绒抵抗"。 是的，涂鸦最初是针对墙体的一种被动的反应，而最后则趋向于涂鸦者的主动性抗争，它不仅要戏弄东德政治，进而敲击这古怪的墙体，还要覆盖并抹除他人的涂鸦。 涂鸦是针对一切秩序的多层符号反叛。 涂鸦改造了现象学和符号学的边界，把它推向冷战意识形态的前线。

世界需要一张轻柔的皮

　　人是灵魂漂流的一族，人的家舍就像被竹竿和绳索支起的帐篷。 但人类不仅在土地上移动，而且还在时光里漫游，被记忆的迷津所困扰。 人需要一张轻柔的皮肤，用以覆盖裸露的身体和灵魂，构筑温暖明亮的家园。 这种历史性渴望，久远地簇拥在灵与肉的四周，成为膜式建筑的精神起源。

　　膜与其说是坚硬的石墙的另一样式，不如说是其形而上的反义词。"膜"（Membrane）来自拉丁语，表达轻盈而有张力的语义。 跟那些遍及大地的高墙相反，建膜的本意不是为了阻隔光线，而是为了穿越。 它最初是一种纤维性织体，在 20 世纪才进化为高强度柔性薄膜材料。 而以建筑学的结构划分，还可以分为骨架式膜结构（如伞和帐篷）、张拉式膜结构（Velum）和充气式膜结构等三种形态。 这些轻质建筑，现在已经像气泡一样布满整个星球。

　　帐篷（Tentum）与伞篷（Umbrella），在龙骨上覆盖着柔软的毡布或动物的毛皮，它们是史上最早出现的膜结构物体，表达了膜结构的原始特征——一种预加张力的薄层。 张拉篷（Velum）

则是古罗马的伟大专利，后来便成为普遍的街市遮阳工具。 以上三种原始膜结构，覆盖早期人类的身体达数千年之久。 它们制造的庇护层，保佑了人类早期文明的发育。

在所有帐篷体系里，西藏流派具有最鲜明的灵魂风格。 吐蕃人用牦牛毛织出了黑色帐篷（黑帐），而用羊毛织出白色帐篷（白帐）。 在连接帐篷的绳子上，五彩经幡随风飘扬，俨然是招魂的旗帜。 鉴于建筑是世界的缩影，支撑帐篷的八根木柱，被视为世界的轴心，人们可以沿着这个中心上升和下沉。 虔诚的教徒，用一条白色的羊毛织巾（哈达）缠上世界轴心，借此表达对神的敬意。

吐蕃人的帐篷跟贝都因人（Bedouins，亦作 Beduin）的帐篷一样，都是一种灵魂的在所。 这个微型世界在不断平移，呈现为临时和变易的特征，但它却是无限恒远的，因为灵魂在绕柱而行，维系着一个内在的神性中心。 与此相比，那些坚固的建筑反而是灵魂苍白的。 它们沉重而静止，却完全丧失了轴心，沦为一堆混凝土和钢材的物理空壳。

跟那些过于沉重的建材（玻璃、砖、木和金属）相比，膜始终被视为构筑未来世界的元素。 透明而轻盈的膜，具备优美的曲率，以及充分优化结构的荷载，超越了简单刻板的立方体，呈现为无障碍和大跨度的自由形态。 在膜世界中，外形与载荷的分布关系，比任何传统建筑结构都更为紧密，代表着建筑学与工程学的完美组合，因为力可以借膜的线条有形地表述，由此达成建筑与美学的完美统一。

香奈儿的手袋消费，就此跟帐篷发生了暧昧的关联。 著名手袋品牌主办的流动艺术展，被设计师扎哈·哈迪德装进一座充气帐篷，于 2008 年开始了其全球性巡回展览。 占地约七百平方米的展馆，外形犹如一只线条圆浑的飞碟，内部则采用连串延伸的弧形组件，摹写手袋上的提环，由此表达对香奈儿的颂扬。 菱格纹手袋跟充气帐篷之间，还存在着某种内在的相似性：它们都是柔软的包膜，而且都是含义微妙的家园。 所不同的在于，帐篷被用于安置人，而手袋则是细小物品的家园。

目前最大的永久性帐篷建筑，就是沙特阿拉伯吉达港机场大厅，它号称"世界最大的屋顶"。 该建筑由 10 个大帐篷相衔而成，玻璃纤维织物的覆盖面积达 42 万平方米，相当于 50 个足球场，可同时容纳 10 万名旅客。 这个庞然大物是游牧史的重现。它是对旧岁月的庄严缅怀。 马背和帐篷，贝都因人的两种家园元素，在波斯湾沿岸获得了有限的重现。 大帐篷地标在沙地上灼灼闪光，炫示着一种曾经征服世界的生活。

膜的最高本性就是自由和透明。 奔行的阿拉伯马征服了广袤空间，而帐篷则为牧人和战士提供临时家园。 这些元素打开了闭抑的生活，赋予它自由的活力。 帐篷又是透明的，它的四壁可以打开和卷起，由此获得敞亮和通透的特征。 而这是自由的另一种属性——把生活置于开放的平台。 膜是人和自然持续交换的最佳介质。

为了响应膜的哲学，德国建筑师弗雷·奥托（Frei Otto）于1967 年在蒙特利尔世界博览会上设计建造了德国馆，它犹如一个庞大的帐篷群落，按蜘蛛网仿生原理设计的网索支撑体系，其上覆盖半透明的膜。[①] 1972 年的慕尼黑奥运会体育馆沿用了这一结构，但它全部由有机玻璃组成，玻璃的薄脆性跟拉吊的柔韧性发生了巧妙的组合，令建筑物呈现出纯净明快的气质。 第二次世界大战后的德国一直在努力清洗自己的纳粹色彩。 柏林新国会大厦，一个庞大的玻璃织体，响应着膜结构的开放母题，跟慕尼黑的帐篷彼此呼应。 它放射出的水晶光芒，诠释了一个高度透

---

① 建筑学界一般认为,1970 年日本大阪举行的世界博览会上的美国馆是膜结构建筑历史上的里程碑,可视为膜结构建筑浪潮的起点。

明开放的社会。①

　　与德国人的自由梦想截然不同，俄罗斯企图从膜形态里召回彼得大帝时代的尊严。正在打造中的水晶岛②（Crystal Island），由英国建筑师诺曼·福斯特设计。这座庞大的螺旋体建筑，以玻璃为外墙，犹如雕琢过的水晶，并用金属支架连接地面与天空，随着楼层上升，它变得越来越细，直到形成高达457米的锥顶为止。其建筑面积达250万平方米，相当于五角大楼面积的4倍，等同于一座小型城市，并且有望成为"全球最大建筑"。这场权力的宏大叙事，发生在莫斯科的纳加蒂诺半岛（Nagatino Peninsula），距克里姆林宫仅7.5公里之遥。设计方案表明，它具有类似帐篷的外观，也拥有膜的透明性，但却丧失了膜的张力、多重曲度和自由延伸的特性。

　　中国也在利用膜结构展开叙事。为奥运比赛而造的国家游泳馆（水立方），据说是世界上最大的膜结构建筑，其外表完全采用膜组织，以临摹水体文明的特征。整个筑体由三千多个形状各异的气枕组成，覆盖面积约十万平方米。气枕可以通过充气管线充气，随时幻变为"气泡"。只有2.4毫米厚的膜结构气枕，像一层细腻的皮肤，温柔地裹住矩形建筑，它比玻璃更会呼吸，能接纳更多的阳光和空气。但水立方未能完成对传统建筑造型的超越。尽管它在黑夜里可以自体发光（由此免除了外部泛光照明），却仍是一种善于表达权力的矩形（立方）物，没有离弃闭抑呆板的秩序本性。它不过是一只被光柔皮肤包装过的黑旧匣子而已。

　　中国国家体育馆是一种典型的仿生体建筑，这是它获得"鸟

---

　　① 慕尼黑奥运会上发生以色列运动员被屠杀的事件,令这一届运动会蒙上了浓重的阴影。

　　② 这座名为"水晶岛"的摩天大楼,最初是一个马戏班大帐篷形状,高达457.2米,底部最大直径701米。

巢"绰号的主要原因。 跟那些头状花序和菊石的螺旋线、树形仙人掌结构、雪花的六角形晶体、天体的几何排列相似，鸟巢是针对鸟类家园的一种摹写，旨在喊出自由生命（诞生与起飞）的进步语义。

这座建筑物虽然在外形和建筑结构上跟膜结构无关，却吸纳了大量膜材料，在复杂粗笨的钢架上覆盖塑料薄膜，形成有限遮挡的屋面，不仅能够为场内观众遮挡风雨，还可遮蔽繁杂的结构构件与设备管线，避免产生强烈阴影，而膜的吸声特性，也有助于改善场内的声学环境。 但在鸟巢设计师那里，膜只是一种低层面的应用技术，而不是伟大的自由哲学。

膜正在成为国家建筑修辞的崭新元素，它要给闭抑的建筑涂上明亮开放的色彩。 在钢筋混凝土的世界里，膜是一种轻盈的蕾丝花边，诉说着巧华丽的赞辞。

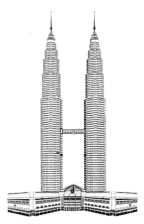

中国建筑的母题冲突

我们的建筑空间就是这样建立起来的，它似乎是以牺牲对时间（永恒性）的感受性为代价的，但这其实是重大的文化错觉。

石器文明与木器文明

　　胡夫金字塔和雅典卫城建筑，无疑是石质文明的最高代表。而跟坚硬的埃及和希腊文明相比，华夏文明却露出了柔软的躯体。① 越过青铜时代的纠缠，它最终以木质文明的面容，向世界发出独一无二的微笑。 在所有的上古遗存中，只有华夏文明拥有这种古怪的器物特点。

　　早在周秦之后，青铜器就开始逐步退出历史。 只有那些兵器和农具还在原野上烁烁发光。 刘邦所建立的汉帝国，从铜质文明向木质文明转移，打开了建造木质宫室的漫长历程。 这是中原汉人征服整个远东地区后的最大转变，它复兴了一部分被嬴政摧毁的楚文明。 木器的灵魂苏醒过来，油漆也变得炙手可热，

----

　　① 与华夏文明相对位的欧洲文明，无疑是一种石器文明。仅以启蒙运动时期的共济会为例，这是一个石工组织，崇拜以金字塔为代表的石器文明，而它的会员范围最终超越了石工本身，成为所有自然神论者的精神共同体。音乐家海顿和莫扎特都是共济会员，美国的国父们也是如此。一美元钞票上所印的金字塔形象，就是共济会精神的隐秘象征。共济会的这种石器信念，不仅继承了欧洲的历史传统价值，也对近代文明产生深刻影响。（雅克·巴尔赞著，林华译：《从黎明到衰落——西方文化生活五百年》，世界知识出版社 2002 年版。）

华夏文明就此展示出最迷人的品格。

在被李约瑟先生指认的"四大发明"中，造纸和活字印刷都跟木器文明密切相关。 纸的原料来自木质纤维，而活字则被刻在细木块上，它们分摊了发明的一半。 第三种发明——火药（火焰），则是木器文明的死敌，这意味着就在文明内部，已经预设了自我湮灭的种子，而它也确实竭力执行了自身的使命。 但耐人寻味的是，文明还为自己预留了一条出路，那就是"四大发明"中的第四项——指南针。 这种精巧的磁石装置，全力支持文明的海上输出，从而为它的异地保存提供保障。

四大发明，就是环绕木质文明核心的四种运动，它们彼此呼应，形成充分自足的体系。 文明就像一个饱含生命和意识的有机体，它为自己的命运制订了游戏规则。 它是它自己的上帝。

书法、绘画、雕刻、文学、塑像和音乐，所有这些自我繁殖的符号，并未刻在石版上，而是被投放于那些木质品——织锦、棉布、竹简、纸张、家具和丝竹乐器等，它们比石器柔软，选取和制作更加便利，也易于被收藏和传播。 另一方面，用泥土（石器的腐烂样式）制造的瓷器，作为土石的代表，也加入了华夏器物文明的主流。 它异常坚硬，却极度脆弱，难以永垂不朽，而华夏器物文明的这种易碎性，正是它的魅力所在。

让我们回到建筑的命题上来。 除了少数土楼、窑洞、碉楼以外，木是中国建筑的主体，或者说，那些木、砖木以及石木的混合结构，是中国建筑的基本构架。 木材不仅被用于打造门窗，而且是承重墙和梁柱，支撑着房屋的全部重量。 尽管木的大规模开采导致森林的严重破坏，木材资源逐渐枯竭，但中国人的采伐激情至今没有减弱。 最伟大的中国建筑师，是一位名叫鲁班的木匠，而不是什么石匠或铁匠。 这种与木器的永恒纠缠，就是华夏建筑的狂热本性。

中国人酷爱速朽的木质建筑，它们要么结构松散，易于推翻和拆卸，要么面临火焰、白蚁、水浸和风化等不可抗拒的天敌。这是非常古怪的景象。 热爱永生的中国人，一反常态地寻求房屋（家具）的短暂性，而那些来自石器时代的硬物，包括西方建筑的灵魂石拱，仅仅被用于那些跟家居无关的建筑物——桥梁、道路、墙垣和猪圈。 有时候，石狮子会被戏剧性地摆放在家门口，俨然是朱色大门的笨重奴仆，无言地守望着那些趾高气扬的木器。

与此同时，基于金对木的"克制性"（金克木），金属被逐出了木构建筑的领地。 木榫工艺坚定地反对铁钉，它是衡量木匠手艺的一个基本原则。 只有在帝国晚期，家具上才出现若干细小金属的身影，如铜锁、铰链和搭扣之类，它们位于木器的关键部位，却保持最卑微的表情，就像是一些悬挂在女人脖子上的首饰，衬托着质朴简洁的主体。

在整个木质品系统里，窗纸是最具象征性的物体，作为毛竹和树皮打浆后的产物，它纤薄、轻忽和一戳即破，却分野了两个截然不同的空间，犹如提供彼此渗透和交换的生物膜，而在它的两边，分列着截然不同的光线、温度和气息。 从这窗纸里还派生出了北方剪纸（窗花），它是所有木艺中最精微的一种，在二维的维度上热烈展开，以抽象的线条临摹日常生活，把平淡的墙洞变成传递福乐的橱窗。

这场古怪的木质建筑运动，甚至蔓延到祠堂、寺庙和宫廷。在那些广泛分布的佛寺和道观里，偶像是泥塑的，其上包裹着一层易于褪色和脱落的彩绘；菩萨的居所（庙堂和宝塔）则是木质的，并且总是被历史的火焰所吞没。 几乎所有寺庙都有多次焚毁的痛苦经验，但建造者从未考虑过修正这种摇摇欲坠的传统。那些荒谬的毁坏戏剧，数千年来被不断上演。 对中国工匠来说，木材是不可替代的，反思也是毫无必要的，因而每一次建造，都是对前一次谬误的再现。 这种造屋理念匪夷所思，完全超越了建筑理性的范围。

只有一种哲学能够解释这种可笑的信念，那就是阴阳五行说，它暗含着建立在"风水学"名义下的"木崇拜"。 在古老的宇宙定位体系中，木所代表的生命力经久不息，获得反复的重申。 木是东方、春天和生命力的伟大象征。 不仅如此，从汉代开始，几乎所有的儒学家和道学家都认为，龙就是木神，代表东方精神，龙来自水，代表木的生命起源，龙口吐出火焰，象征木能生火的物理本性。 尽管龙没有建立独立的神学体系，但它的灵魂却以器物方式渗入日常生活，成为木质文明的隐秘核心。在某种意义上，龙与木是同一种事物的不同表述。 这就是"龙木二象性"，它迷惑了大多数观察者的视线。①

"龙木神学"澄清了中国建筑以木质品为核心的基本理念。但它还是无法解释中国民居的简陋化传统。 徽州明代官僚和商人的住宅，往往用很薄的木材铺设二楼地板，走路时能体验到地板的震颤，从那些疤结造成的漏孔里，甚至可以看见楼下的情景。 房间之间的板壁也很简陋，所有声响都可以彼此谛听。 只有底楼使用了坚固的石料和包有铁皮的硬木门，但那仅仅是为了防范盗贼。 而北方民居使用较厚重的砖墙，是为了保暖和应付漫长的冬季。 而在那些坚固的围墙以内，所有的营造都突然变得敷衍起来，仿佛是一些可以随时拆卸的凉棚。

这显然不只是为了节省材料和降低造价。 中国人有强烈的祖先崇拜和延续家族血脉的传统。 它需要一个承载家族的稳固容器。 它为什么要以拒绝永恒的方式来捍卫家族的生命呢？ 即便是木器，也完全可以选择更为坚固耐用的材料。

斯蒂芬·加德纳企图回应这个难题，他认为中国人的建筑核

---

① 关于龙和木的对应关系，散见于儒家和道家的各种文本，其中以《黄帝内经》、朱熹《周易本义》所录《系辞传》与《说卦传》，以及邵雍《梅花易数》等为代表。

心是空间（Space），结构只起辅助作用，导致这种格局的原因在
于，中国人把建筑当作了表演的舞台，而这种舞台需要随时进行
拆卸和改装的。①

　　这仍然不能完美解释建筑简陋性的起源。　因为空间和结构
并非是对抗性和非此即彼的，中国人完全可以寻找两全其美的方
案，琉球王宫（冲绳那坝）拥有巨大精美的木质支柱，是坚固型
木构建筑的代表。　更为重要的是，在近代民居内部，那些戏台往
往打造得比住宅本身更完美。　与宁波天一阁毗邻的秦氏支祠就
是一个范例，它的家庭戏台使用抗朽的坚硬木料，其上布满了精
美的雕刻，它的穹形藻井，由千百块经过雕刻的板榫拼成，盘旋
而上，其精巧程度令人叹为观止，显示出当地小木工艺的高超技
巧。　表演不是在削弱结构，恰恰相反，它成为加固结构的重大理
由。　在秦氏支祠，戏台比居室更为华丽坚实。

　　另一种阐释的重点在于家族树（Famery Tree）的动态结构。
家族的扩展、分流和官员（商人）任职地的变更，甚至是大规模
的集团性迁徙，也许会导致对永恒性结构的忽视。　这最初是一
种理性的建筑策略，而在帝国中晚期变成了一种迂腐的习惯，并
且总是以美学的面目出现。　这种迁徙的策略最终成为一种建筑
病毒。　它腐蚀着时间，把中国建筑推向了纯粹空间的路线。　民
居建筑结构是宗族体系的映射。　族谱（家族树）是时间的映射，
而木构建筑则是空间的映射。　它们分别从两个向度书写了宗法
制度的端庄面貌。　是的，建筑必须便于拆卸，但却不是为了表
演，而是为了方便家族关系的重组，以及表述宗族成员的空间
关系。

　　我们的建筑空间就是这样建立起来的，它似乎是以牺牲对时

---

① 斯蒂芬·加德纳著：《人类的居所——房屋的起源和演变》，北京大学出版社
2006 年版，第 91 页。

间（永恒性）的感受性为代价的，但这其实是重大的文化错觉。我们对木器的迷信几乎到这样的程度，甚至坚信那种纤维质材料能够战胜时间。 文天祥的著名诗句"留取丹心照汗青"，提供了耐人寻味的证据：诗人一方面表达了对速朽的竹简（汗青）的信任，一方面却渴望进入历史。 尽管这种希冀超出了竹器本性，但它还是表述了言说者超越时间的意图。 没有人对这种自相矛盾的信念提出过异议，因为它是整个民族的意志。 对字词的信念，早已跟竹简（丝帛）融为一体。

这其实就是整个华夏文明体系的特性。 它的所有艺术样式——音乐、文学、绘画和书法，都毫无例外地以木质品为自己的载体。 它们都把自身的命运，托付给了那种速朽的物质。 这是全世界最独特的景象。 艺术以自我终结的方式探求不朽的道路。

我们面对的是一种罕见的悖论：一方面使用转瞬即朽的材料，一方面渴望抓住飞逝的时间。 只有一种途径能够解决这种困境，那就是强韧的自我循环程序。 中国人并未改变时间，而是改变了时间的算法。 某座寺庙之所以能够存在千年以上，并非由于其建筑的完好无损，而是因为它在同一场所被不断焚毁和重建，而在历史的"总体性叙事"中，它的每个断裂的片断都被接驳起来，形成完整的时间长链。 这最初是族谱的记载方式，而最终却演变成建筑的书写方式。 华夏建筑就此握住了时间。

在这种"总体性叙事"里，实存与符号的关系昭然若揭。 实存严重地依赖着符号，渴望来自符号的安慰。 符号是中国人的上帝。 在家族性建筑里，所有重要的居室都必须经过命名，并以匾额与楹联的方式加以标定和阐释。 这就是所谓的符号题写运动，它要借助精心选择的字词为建筑物下定义，判处它与人一起死亡和永生。 在那些"堂"、"室"、"居"、"斋"之类的词根面前，形容词不可阻挡地繁殖着，向我们暗示主人的志趣，咏赞他的德行和风骨。 题写与其说是对建筑物的命名，不如说是居住者的自我颂扬。 这不是题写者的自言自语，而是他在对时间（未来）说出简洁的絮语。

那些镌刻在木牌上的语词，融入了砖雕和木刻的符号体系，从那里确认存在的无限意义。 就像人的生命周期一样，实存的建筑总是要死的，它无法战胜那些岁月的天敌，但符号的建筑却是永恒的，它战胜了遗忘，以字词的方式跃入文化记忆体系，跟龙一样永生。 华夏木质建筑就此超出了脆弱的命运。

三维民族与二维民族

垂直型建筑和水平型建筑，这一美学分野支配了人类建筑的全部历史。 从埃及金字塔到雅典卫城，几乎所有的著名石质建筑都拥戴以下三项基本原则：第一，必须以垂直线为轴心；第二，必须尽其可能地寻求垂直轴心的高度；第三，有必要的话，利用金字塔式的水平扩张来推升高度。 这就是垂直型建筑的信念，它制造了历史上最著名的"巴别塔计划"。《旧约》宣称，在古巴比伦时代，几乎所有的文明都卷入了建造天梯式建筑的狂潮。 耶和华用变乱语言的方式，阻止了这场建筑学叛乱，但"巴别塔计划"并未消失，而是成为文明深处的隐痛，并在历史的缝隙中继续生长。

哥特式教堂就是最鲜明的例证，它重现了"巴别塔计划"的本性。 它的骨架使用高大的铁拱，并以此创造了建筑奇迹。 德国的科隆大教堂中厅高达48米，而德国乌尔姆市教堂钟塔甚至高达161米，企及了当时建筑工艺的极限。 教会要借此表达离弃尘土和亲近上帝的神学意图。 那些高耸的尖顶犹如探针，查验着神的存在，令其感到了轻微的疼痛。 它们也是一些犀利的叫喊，回旋在上帝的领地，从那里听取天堂里的回声。 不仅如此，哥特式建筑的所有构件都是尖耸的，加上那些彩绘玻璃和各种瘦长的雕塑，环绕垂直轴心运转，由此构成火焰燃烧的态势。 它是竖起来的灵魂战车，向着上帝的领地飞跃。

哥特式教堂是战栗、狂热、病态和神经质的表达。 这是中古神启时代终结前的最后一次照耀，它要从一个极端的立场，重申对神的最后敬意。 就在中世纪动身离去之后，尼采姗姗而来。这个不信神的男人，用哥特式的语法，喊出了"上帝死了"的梦呓。 上帝没有对此做出回应。 上帝掉过头去，藏起了他无所不在的脸。

资本主义精神吸纳了有关高度的语法，把现代化楼厦变成拜物教的圣殿。 它们高耸在曼哈顿街区，仿佛是科隆大教堂的翻版，但它们没有戏剧性的尖刺，也没有火焰升起的光亮，只有一些理性的玻璃盒子，可以折射太阳和星辰的光芒。 它们不是上帝的玩具，而是被续写的"巴别塔计划"，也俨然是尼采精神的回声，挑战神的古老威权。 遍及欧美的货币教义，全力支持这种高度的挑衅。 它罔顾"9·11"事件的击打，不断刷新建筑工程学极限，向着千米高度奋力冲刺。

关于高度，我们已经看到了两种对立的语法。 敬神的和渎神的，彼此截然不同，却在垂直高度上结成了同盟。 毫无疑问，高度自身就是一种伟大的话语，人因这种话语而发生精神分裂：它一方面修正头颅的姿态，强烈要求人的仰视，并借此自证人的渺小性；而另一方面，它又作为人之造物而表达人的伟大性。 这自我矛盾的"巴别塔计划"，喊出了人与神的双重伟大。

正是从这种垂直关怀里诞生了三维的民族，它要竭力从二维的平面中挣扎而出，向天空无限升华。 这是传统基督教国家所具有的精神特性。"巴别塔计划"表达了向上超越的传统。 在大地和天空之间，信念的天梯在坚持不懈地爬升。 但丁是其中最杰出的代言人，他的《神曲》构筑了天堂-炼狱-地狱的三界二十七层体系，环绕垂直的神学轴心，形成哥特式的话语模型。 轴心的最底端是地狱的黑暗，而在轴心的最高端，则是天堂的无限光明。 渴望终极关怀的灵魂，在维吉尔引领下展开垂直向度的长征。 这是深渊里的求告和自我超越的火焰，但它的微光却照亮了文艺复兴时代的行人。 是的，但丁的话语建筑，就是三维民族的诗意隐喻。①

但在远东地区，几千年以来，中国人一直恪守着大地的法则，坚持以二维的方式在世。 整个东亚细亚遍布着这类二维民族，他们匍匐在大地上，保持跪拜的姿势，并且把这种姿势延展到建筑物。 在那些跪式建筑和卧式建筑的现场，至高无上的皇帝笑纳了这种礼仪。

这并不意味着中国人没有三维结构，但它的高度遭到了王室的垄断。 奇怪的是，这种被垄断的标高曾经达到惊人的程度。仅以公元前 600 年前后的吴国姑苏台为例，根据《越绝书》记载，这座离宫高达二百里，约在一万米左右，比全球最高峰珠穆朗玛峰更高。 尽管这个数据被严重夸大，却足以表达史官对政治建筑的热烈诉求。②

然而，华夏帝国对宫廷高度的梦想，却面临木质结构的致命性限定。 中国宫殿不能形成自我叠加的多层结构，而单层建筑则完全依赖屋顶、柱子和地基的高度，要是没有自然山体的加入和垫高，空间的第三维突破将无法实现。 建筑只能转向二维平面，寻求面积的广度，像一张被不断摊薄的大饼，以致紫禁城成了全球最大的皇宫。

目前遗存的故宫太和殿，建在高约 8 米的 3 层台基上，自身高

---

① 但丁著，朱维基译：《神曲》，上海译文出版社 1984 年版。
② 《越绝书》，上海古籍出版社 1985 年版。

约 35 米，梁架由 72 根大木柱（称为金柱）支承，是紫禁城中最高大的木构建筑。 唐代长安九成宫主殿的残存夯土基址，高出现代地面 7 米左右，显示当时建筑整体的高度，至少应在 20 米以上，跟明清宫殿的格局基本相似。 从唐代到明代，宫殿的高度保持了内在的统一。 但到了帝国晚期，建筑的制高点已经不是宫殿本身，而是围绕宫殿的院墙（如紫禁城午门城楼）。 高度指涉了军事防卫的需要，却跟宗教信仰毫无干系。

为了跟高大的宫殿相匹配，对民居高度的限定变得紧迫起来。 这是专制帝国的政治要求。 它下令民居保持低矮的状态，而任何超越皇宫的行为都被视为叛逆。 人民接受了这种二维化的律令，并在这种美学指导下成长为二维民族。 水平方向的扩展，是建筑自我生长的唯一方式。 那是四合院的某种物理延伸，向四个方向作矩形扩散，犹如时间的波纹。 经过数千年的经营，这种二维的建筑苔藓，便覆盖了整个远东地区。

民众臣服皇帝的命令，小心翼翼地保持单层或双层的建筑格局。 其中最典型的是北京四合院和福州的"三坊七巷"。 建于清代的福州四乐轩，占地达 24500 平方米，大小厅堂有 42 座，住房则多达 793 间，它们在一个有限的平面上分布，具有惊人的居住密度。 其中主宅维系着原初的对称结构，但以后扩展的侧院，便陷入随机和自由布局的混乱状态。

这种平面延展的二维格局，就是迷宫诞生的原因。 后期扩张的住宅，超出了预谋的规划，俨然是畸形生长的肿瘤，制造着剧烈的迷宫效应，把居者变成迷失价值方向的老鼠，而且没有任何向第三维突围的企图。 狭窄的巷子、错乱的走廊、光线黯淡的门道、杂乱无章的院落，人们在其间行走，维持着最低限度的生存。 百姓匍匐在大地，互相密切地搛挤着，为皇帝的秩序护航。

导致这种大地情结的原因，不仅在于帝国的严酷律法，更在于儒家伦理的整合体系。 国家礼教吁请百姓保持最低的高度，也就是恪守与草根齐眉的地位，以执行"君君，臣臣，父父，子子"的人伦纲常。 闽东及其周围地带是儒家的据点，唐宋以来，它一直是重要的科举基地，向帝国输送了大批优秀的文官。 儒学控制下的宗族及其家法，是帝国最忠实的卫士，坚定地看守着建筑的二维特性，以维系帝国的伦理信条。 这是政治秩序在建筑学上的精密转换。 我们可以看见，在那些密集的居室里，到处分布着励志的匾额和楹联，以及讲述儒家道德故事的木雕。 那些格言和故事加强了道德管束的力度。 从建筑物和话语这两个层面入手，儒家制造出世界上最复杂的迷宫。

二维民族形成的第三个原因在于，先秦时代的狂热消退之后，帝国的建筑师日益趋于理性，他们逐渐意识到，建筑高度并非是确立国家威权的唯一途径。 臣民的跪拜仪式，业已解决了尊卑与高低的问题。 正是中国人率先发现了身体建筑的非凡意义——它可以代替物体建筑的功能，完成等级秩序的设定，以实现皇帝至上的威权伦理。 长期以来，下跪成为普遍运用的规则，它首先要求膝盖弯曲着地，继而要求头颅磕向大地，身躯被两度折叠之后，高度急剧下降，与大地合二为一。

这其实就是身体矮化的修辞，也是身体建筑的全部意义。 对于许多中国人来说，膝盖的主要功能就是为了下跪，以此表达谦卑、顺从和乞求的语义。 这种膝盖政治甚至引发了一些近代外交笑话，例如，当西方传教士进入中国宫廷并拒绝向皇帝下跪时，包括林则徐和徐桐在内的清朝官员，都发出了轻蔑的窃笑，以为他们是一些可怜的没有膝盖的怪物，只要用竹竿就能将其轻易击倒。

正是由于中国人的卓越发现，政治等级的划分变得轻而易举。 帝国借助身体建筑的这一功能，以最低的财政成本，绕过了宫室建筑的技术困境。 在我看来，这是被李约瑟先生所严重忽略的"第五发明"，它超越木质文明的范畴，把华夏民族的低矮身影，映射在历史的沉重书页上。

回到狭义建筑的议题上来，我们不难发现，在严密管制的缝隙里，也就是在帝国权力难以企及的地带，建筑违制的事件层出不穷。闽粤交界客家人聚居地区，圆形土楼一般高达三四层（永定土楼），最高可到五层（漳州和南靖土楼），在没有基座的情况下高度达十二米以上，完全可以跟皇帝的住所抗衡。为了防范盗匪，它们被筑成一些坚固的城堡，拥有护城河与吊桥，以及碉堡式的枪眼。同时，它们还被大片烟叶田所环绕。越过无尽重叠的山峦，皇帝的威权遭到了客家人的藐视。

与客家人遥相呼应的，是源自印度的佛教。它坚持对高度的诉求，却获得了中国皇帝的特许。尽管跪拜早已是身体在寺庙里的主要姿态，僧人们还是坚持修造更为高大的建筑，这就是宝塔现身的原因。它要传递印度次大陆的信念，并成为坟墓和转世的隐喻。宝塔的高度大多在 60~70 米之间，如大理唐代千寻塔，为密檐式方形空心砖塔，高达 69.13 米，可能是现存的最高佛塔。其他著名宝塔如西安大雁塔、南京大报恩寺塔和山西应县木塔等，都在这个标段之内，早已逾越了宫廷屋脊的高度。

但佛塔没有自我燃烧的动向。与哥特式教堂的火焰相比，它们不过是被天神蓄意拉长的坟茔，伫立于寺院的角隅，看守着众高僧的骨殖（又称"佛骨"或"舍利子"）。而从宏观叙事的角度看，它们更像是一些坚硬的刺刀，刺破皇帝的龙袍，去改造二维世界的单调风景。在帝国的历史上，"反叛的建筑学"似乎从未放弃飞跃的企图。但这是极其微弱的希望。在人民获得自由和尊严之前，它不能平息建筑扁平化的狂热，也无力超越二维民族的历史本性。

圆形政治和矩形政治

　　权力与野心是一切伟大建筑的根基，反过来说，建筑就是权力和财富的纪念碑，它要在水泥、钢铁和玻璃的组合中，炫示高贵的身份。　那些矩形的、半圆形的和圆矩合体的豪华建筑，改写了中国城镇的景观。

　　在这场大地重塑运动中，圆形和矩形，一对精神原型式的几何符号，成为支配中国城市营造的基本构形。　这是继木器与石器、三维与二维之后，我们所要面对的第三组母题。　而它们之间的冲突与和解，构成了建筑事务中最难解的迷局。

　　圆是最高的自足和圆满。　它是被神所垄断的事物。　圆是世界体系的象征。　圆拥有隐秘的轴心，圆周环绕它运转，唱出无言的礼赞，而这就是圆的一神教本性。　从圆的形体深处，迸发出了无与伦比的神学光芒。

　　圆的神学，至少包含下列五种原理：第一，单一中心原理，在圆的范围内只有一个绝对中心；第二，平等原理，所有围绕中心的弧线上的点，彼此间都是平等的，因为它们各自跟中心的距离完全相同；第三，循环原理，圆是自我闭合的，而且沿着弧线任何方向行走，最终都回返回原点，这是自我无限循环的范例，符合时间的特性；第四，独观原理，这条原理来自第一原理，它要证明从中心的视点（神或独裁者的视点），可以完成对整个弧圈的全能式观察；第五，象征原理，圆形造型支持了对太阳、月亮、天空和宇宙、母性生殖器等神性事物的联想，并成为它们的天然能指。

正是从单一中心原理中派生出了一神教；从平等原理中派生出上帝面前众生平等的基督教义；从循环原理中生成了宇宙（自然、时间）循环思想、佛教的轮回学说，以及各种关于事物圆满性的幸福信念；从独观原理中基督教发现上帝的无所不知；从象征原理中巫师们获得了最神秘的宗教灵感。圆就此成为神学话语的根基。

矩形①似乎是男神的象征，它的狭长钥匙穿越母体，打开了通往父权文明的大门。矩形定义包含下列原理：第一，多中心原理，在变化的矩形内部，轴心线代替了单一中心，这意味着中心点将在该轴心线上不断滑动；第二，四方原理，四条边可以有各自的方向，并用方向代替中心，由此形成空间的特性；第三，等级原理，矩形边线上的各点跟对称轴距离不等，由此产生了差异和等级；第四，断裂原理，矩形是有折断的，这意味着矩形线上的各点不能构成自我循环，由此导致各点之间彼此否定、断裂和对抗。第五，象征原理，矩形造型隐喻了阳具、人体、大地、水体（海洋与河流）和树木，等等。

正是从多中心原理中诞生了多神教、祖先崇拜和帝王崇拜；从四方原理中产生了以方向和坐标为核心的风水学；从等级原理中诞生了等级制度；从断裂原理中涌现了世俗仇恨、阶级对抗与暴力学说；从象征原理中派生出了父权社会和大地信仰。

---

① 广义的矩形，应当包括方形在内的各种平行四边形。

对上述原理的确认，耗费了人类史的漫长时间。 圆作为祭坛的功能，可以追溯到一万三千年以上。 在一万一千年以前的叙利亚村庄，就已出现最古老的圆形宗教建筑。[①] 但在苏美尔时代（前 4000—前 2000），乌尔城的塔庙由矩形平台构成的，而到了新巴比伦时代（前 626—前 539），供奉马尔杜克大神的巴别塔，却又忽然变回了圆形。

美索不达米亚的神性建筑，在圆形和矩形之间剧烈摆动，显示出上古人类的构形混乱。 政客、祭司和建筑师，尚未获得这两种图式的精密知识。 这种混乱是全球性的，甚至波及近东和远东地区。 中国西安半坡遗址发现的仰韶文明，那座公元前 4800—公元前 4300 年的村落，出现了 31 座直径 4 ~6 米的圆形半地穴式民居，它们是女阴的象征，表达着对女神权力的敬意，但仰韶人同时又崇拜陶祖（陶制男性生殖器）。 这是性别权力妥协的结果。 仰韶文明是母权向父权过渡的时代，它的村落里出现了最早的价值冲突。 这种混乱同时也现身于土耳其的加泰土丘（前 6000），但跟半坡人截然相反，赫梯人（Hittites）住在矩形房屋里，却拥有精美的女性赤陶神像。

这种幅员辽阔的混乱格局，源于圆形与矩形的暧昧关系。用以供奉木星大神马尔杜克的巴别塔，就是这种两重性的代表。从天空鸟瞰的巴别塔呈圆形，充满了向心的谦卑，完全符合天体神的教义，而从底部或远处旁观，它却是矩形的，向上冒犯，充满夸耀和狂妄的权力色彩。 这种两重性正是人类建筑的基本特征。 矩形建筑的另外一个成因，是它严重依赖于木材，而球形建筑则依赖于石头。 它们是两种建材的美学对抗。

---

① 2006 年 10 月，一支由法国国家科研中心组成的考古队，在叙利亚发现了最古老的两河圆形文明——一座庞大的圆形建筑，建于公元前 8800 年，附有大量几何形彩绘，同时出土的还有大量用燧石和黑曜石制作的狩猎工具。这是有史以来最古老的圆形建筑，比普通屋舍大很多，似乎是整个村落的宗教中心。

　　圆形和矩形的暧昧之处还在于，罗马人按照基督教图式，把鸟瞰的简单矩形组成十字形，并据此向矩形中注入宗教语义。而当它跟时间结合并旋转起来后，就迅速转型为运动之圆，令所有静止之圆都望尘莫及。 这是矩形的最高秘密，它超越了自己的世俗命运。

　　罗马人进一步意识到了这种内在的暧昧，对其进行斡旋与整合，由此终结了旧时代的对抗格局。 罗马宗教建筑，谋求矩形（巴西利卡式）基座（门廊）和水泥拱顶的神圣同盟。 万神庙就是这类"圆矩合体"的结晶。 它的前部是柱廊式矩形大门，后部是巨大的圆形空间，象征太阳神朱庇特的阳光，穿越半圆形拱顶，照射在内壁上的神龛上，把光线依次带给七位神祇。 万神庙的结构妥协，显示了罗马人的建筑智慧，由此成为整个欧洲建筑的灵感源泉。"洋葱头"式的东正教堂，以及奥斯曼土耳其帝国摇篮里长大的清真寺样式，都秉承了"圆矩合体"的伟大传统。

　　古典世界的崩溃，似乎没有影响基督教徒的建筑信念。 大批隐修院坚守"圆矩合体"的罗马传统（如埃及的比绍科普特隐修院），修士们在其间修行、忏悔、礼拜和生活（劳作），探求质朴无邪的真理。 这些遍及欧洲、北非和西亚的隐修院，为文艺复兴的圆形造型，奠定了坚固的心灵基础。

　　从佛罗伦萨主教堂（1436），到法尔尼斯府邸（1516）和圆厅别墅（1552），"圆矩合体"开始了向世俗生活转移的长征。18世纪的英格兰巴斯，模仿史前圆形巨石群（Stonehenge），建造了一座象征太阳的圆形广场（The Circus）和一座象征月亮的皇家新月楼（Royal Crescent），其中分布着五百余个科学与艺术的徽记或雕塑，所有这些符码细节都企图重新设定人、现实和宇宙的三位一体关系。 这是文艺复兴的夕阳，它们照亮了欧洲最后一片昏昧的土地。

　　只有华夏民族保持着圆形和矩形的对立状态。 中国人发明了圆鼎、编钟、玉璧和风水罗盘之类的神器，继而发明了太极图（圆形宗教的标志）和八卦图之类的神符，在华夏哲学体系里，圆从原始祭坛上滚落下来，成为文人书案上的精细符码。所有这些器符都是对圆形教义的重申。圆是神性的标志。关于圆的信念，寄存在那些精细的器符上，放射出恒久不灭的光芒。

直到明成祖朱棣建立紫禁城为止，圆仍然是苍天和上帝的单一象征。天坛祈年殿以圆形和蓝色喻天，殿内大柱及开间又分别象征四季、十二月、二十四节气和一日十二个时辰等时间元素。但天坛只是历史孤证，它是远东残剩的最后一座国家祭坛，或者说，最后一个与天神沟通的场所。而在广袤的土地上，基于木质文明的支持，矩形建筑已经铺天盖地。

这是一个不信神（一神教）的民族的集体性选择。矩形首先适应的是人体的形态。居住型建筑的逻辑，必须符合人体–床帏的构形。这是矩形建筑的人类学起源。而后，在国家意识形态涌现之后，矩形就被国家征用，成为国土丈量和城池设计的基本构形。现今已经出土的所有早期城池，包括殷墟在内，都流露出矩形政治的肃穆气息。

矩形政治就是专制国家的建筑信念。以中轴线为基准展开的矩形叙事，成为皇城以及各主要城市的规划模式。但这不仅是建筑美学的信念，而且是整个亚细亚帝国的行政方式。毫无疑问，几乎所有朝政都是按矩形结构推演的。在秦始皇兵马俑坑里，武士们排成了声势浩大的矩阵；而在那些富丽堂皇的朝堂里，皇帝的龙椅总是位列顶端，他的大臣则分列两班，拱手而立。这就是帝国的君臣秩序。

根据历史记载，左右两边的文武官员，时常发生激烈而冗长的争吵，皇帝面带微笑注视着他们的混战，对双方的意见进行仲裁，做出最后的裁决。宫廷里每天都在上演这类权力戏剧。在明代话本小说《水浒传》里，造反者重复了矩形政治的游戏：首领宋江像皇帝一样端坐首位，而众人则按"天"与"地"的名号分列为左右两班。

四合院式的民居格局，与亚细亚的宫廷政治遥相呼应，因为只有矩形才能明澈地叙写家族道德秩序。 在儒家的规训下，中国人利用四合院前后左右的不同方位，确定贵贱、尊卑和长幼的人伦序列。 按通常的惯例，正房由上一辈的老爷和太太居住，北房东西两侧卧室，东侧由正室居住，西侧由偏房居住。 东西厢房则由晚辈居住。 中型以上四合院还建有后罩楼，供未出阁的女子或女佣居住。 除非发生内部叛乱，没有任何人胆敢逾越这种矩形礼制。

矩形政治并非远东专制社会的专利，恰恰相反，它是一种全球性的语法，但它们之间的语义却变得南辕北辙。 资本主义精神生长起来之后，政治理性支配了新建筑的灵魂。 1649 年，英国国王查理一世主持召开下议院议会，位于威斯敏斯特的会场①就是标准的矩形体，场内中央是矩形台子，国王坐在台首的木雕王座上，台下簇拥着头戴宽檐礼帽的议员。 他们分列左右，但不是为了向国王效忠，而是企图形成对抗性的政党体制。 正是从这种政治矩阵中，分化出了"左派"和"右派"阵营。② 跟亚细亚模式完全相反，矩形分列颠覆了王权的独裁，热烈地滋养着近代民主理性。

但在希特勒手里，矩形建筑却产生了令人战栗的效应。 他主持设计并建造的新柏林宫，使捷克总统埃米尔·哈查连续两次因恐惧而晕倒，被迫在元首办公室签署了投降协定。 哈查走过空旷的广场，走过日尔曼武士的雕像和纳粹的雄鹰十字旗，走过头戴钢盔、肩跨带刀步枪的党卫队员，走过没有窗户和线条强硬

---

① 英国议会大厦在 1834 年被一场大火焚毁，现在我们看到的是重建后的新议会大厦。

② 罗伯茨著，陈德民等翻译：《世界文明通史》，上海人民出版社 2005 年版。

的大厅，走过 450 英尺的大理石长厅，最终，在欧洲最阴郁的空间尽头，矩形建筑以其强大的威权，压碎了那个斯拉夫人的脊梁。①

　　而在远东，中国福建西部的客家土楼，向我们进一步验证了圆形建筑的又一特点。 这种向心圆建筑，并非福柯所描述"规训"集中营，因为它的轴心不是那种全景式的监视岗亭，而是那些矩形的学校、戏台或办公室。 土楼提供了一种反转的观察法——居民能从自家门口，观察到同层的所有人家。 隐私是有限的，它融入公共生活的视界，并要接受宗族的集体管理。 这是村社集体主义的迷人特点。 最大的土楼可以居住千人，形成密集的人口聚落，从这种圆堡式家园里，客家人获取了心灵的平静。但这些乌托邦式的建筑，并未产生永久性的魅力。 相反，经过近一个世纪的历史动乱，它的居民大都已经离散。 土堡日益萧条破败，它的居民只剩下少许老人、妇女和幼童。 那些最后的守望者，既是道具和戏子，也是热情的解说员，在黄昏的光线里为好奇的游客讲述往事。

　　圆形建筑的神话，引发了一种迷信，让人们以为圆形是拯救建筑、城市景观乃至居住者心灵的最高选择。 这种错误理念，爬行在设计师的头脑里，为建筑业的叙事指引航向。 但中国圆形建筑是高度无神化的，它甚至不具备基本的人性因素，而是仅仅拥有一个球形或饼状的躯壳。 在声势浩大的现代化过程中，圆形是那种被用来重申权力和财富的造型，并已成为国家主义修辞的基本手法。

　　但圆形建筑还暗含着某种危险的品质。 在成为民主空间的同时，它也曾是暴力屠宰的现场。 罗马斗兽场（Amphitheatrum Flavium）提供了令人惊讶的例证。 这种互相矛盾的逻辑，正是

---

① 迪耶·萨迪奇著，王晓刚、张秀芳译：《权力与建筑》，重庆出版社 2007 年版。

圆形祭坛的本性。 祭坛一方面要求对神的无限恭顺，一方面要求对祭品（猎物）的极度残酷。 圆形建筑的这种两重性，令无数建筑师感到困惑。

它是历史上最伟大的屠宰式建筑，可容纳九万名观众欣赏死亡竞赛。 在那里，无数失败的角斗士被畜牲般杀死，他们的鲜血涂满了剧场中央的舞台。 全体罗马公民跟暴君一起在现场围观，发出醉生梦死的惊叹，形成声势浩大的集体狂欢。 这是"圆形剧场效应"，它的群众聚合形态，以及看台和中央演出区的热烈互动，放大了屠杀的快感。

上海工部局屠宰场，是罗马斗兽场结构的历史复现。 这座正在被改造为时尚场所的建筑，曾经是一台高速运转的屠宰机器，据说每天可杀掉一千多头牛。 整体空间布局是巴西利卡式的。 矩形辅助建筑，环绕着圆形的中央屠宰场。 牛群沿盘旋而上的流水线坡道上升，到达中央屠宰建筑，在那里被宰杀，而后送回辅助建筑，进行分解和清理内脏。 它的遗存，令人再度想起罗马竞技场的狂欢格局。 它唯一缺乏的是大数量的观众。 但它在屠杀上的准确和精密，却令罗马斗兽场望尘莫及。

圆形建筑的这种杀戮功能，就是它美学魅力的诡异之处。 在圆的深部，还隐藏着某种残酷与狂欢并存的语义。 纵观我们周围的圆形建筑，所有那些浮在表层的美妙景象，企图劝说我们忽略它的内在语义，而这是所有圆的原理中最尖锐的一项。 在神性、民主性、狂欢性和杀戮性四个方面，圆形比矩形都走得更远。

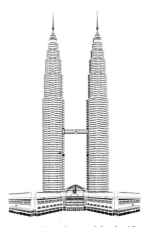

照射中国的光线

电灯照亮了那些诞生物欲和情欲诞生的场所。 在那些场所，电灯是斡旋者，它敦促白昼与黑夜达成戏剧性的和解，城市自此走出了漫长的童年。

感官饥饿的庆典疗法

基于饥饿、静寂和黑暗，以贫困为标记的古代中国乡村社会，面对着感官饥饿综合症的永久缠绕。

庆典是乡村社会感官匮乏的代偿体系，而春节位于这一体系的核心。它是食物摄取的狂欢仪式。人们耗费数天时间（有的地区长达半个月），来补充一年所耗散的生物能量。短期内的超量进食，构成口唇和肠胃的狂欢。在除夕的夜晚，数亿个胃袋在餐桌前与牙齿、舌头和筷子一起舞蹈，书写着文明史上最不可思议的场景。

春节令我们从反面意识到食物匮缺的意义。它要为这种贫困的生活下定义，并在每个年关终结它。而另一重极易遭到忽略的痛苦，则是声音的匮乏。乡村在令人窒息的静寂中沉睡，除了有限的家庭语音，它的声源仅限于家畜、野禽和自然风雨。零度声音的状况是无限纯洁的，却制造出一种反面的耳鸣，把耳朵拖向了声音的黑暗。

解决上述困境的第一方案，就是在春节和元宵节燃放鞭炮，借此发出震耳欲聋的呐喊，耳膜从饥饿中惊醒过来，像鼓面一样振动起来，耳朵就这样剧烈地饱餐了喧闹的声音；常见的第二方案，是从"红白喜事"中听取尖锐的唢呐声和高亢的哭喊，旋律性哭泣经久不息，喜丧事被无限扩张和延宕，把声音灌输给孤寂的群耳；此外还有第三种方案，那就是提供各类地方性社戏。假嗓的尖声演唱、清脆的锣铙和刺耳的胡琴，这些高音刺破了空间，与群众在广场上的哄闹低音混合起来，形成广阔的声音织体，它同时也是一种照明体系，多元地处置着感官饥饿综合症所引发的危机。

乡村照明体系，是太阳（白昼体系）和星、月、灯（黑夜体系）所构成的事物，①灯火是其中最薄弱的环节，仿佛只是一种昏暗的点缀。在松明、油灯和蜡烛的微弱光亮中，人被黑夜逼到了空间的一隅。灯火是无限收敛的，它蜷缩在发光体的中心，犹如一颗细小的豆粒，它的光晕只能在墙垣上投下一个模糊的阴影。在那样的黑夜，即使是星光和流萤也会带来欣慰，它们是世界上最细小的光明使者。

黑夜光线的长期匮乏，就是元宵节灯火庆典的起源。"日出而作，日落而息"构成了乡村生活的基本语法。它旨在规避夜生活的各种可能性。即使在灯具趋于发达的汉代，普通农民仍然会坚持节省灯油的原则。黑暗就是贫困乡村生涯的常态。但元宵节、上元节和地藏王菩萨生日的设定，有限地解决了这一危机。它们是光线摄取的狂欢仪式，②眼睛的食物，在这些夜晚里大量

---

① 人类照明的三大元素：发光天体（持续的自然照明）、灯火（持续性的人工照明，包括行灯和座灯）和焰火（爆发性的人工照明）。

② 在某种意义上，圣诞节是元宵节的兄弟，它同样是光线渴望的结果。但它比中国人的庆典多了一个精神程序。圣诞节的光线来自一个至高无上的圣体，而元宵节的光亮则仅仅来自人自身。只有农历七月十五日上元节（鬼节）和七月三十日的地藏王菩萨生日，才有跟圣诞节相似的灯火叙事。大量香烛和灯笼在夜晚被点燃，以表达对菩萨和鬼魂的敬拜。据说，为了解决黑暗缠身的危机，古罗马皇帝尼禄曾在公元64年下令焚烧罗马城，而他本人则登上花园的塔楼，看着火海中的罗马，在七弦琴的伴奏下，一边观赏冲天大火，一边高声吟诵有关特洛伊城毁灭的诗篇。这是农业时代的极端例证，显示人对于夜晚光明的疯狂渴望。

涌现，为身体里最敏感的器官提供一场华丽的年度性演出。 在那些稍纵即逝的瞬间，瞳仁里映射出了五彩缤纷的光线。 它们是希望的火焰，狂热地燃烧在黑夜的深处，抵抗着内心涌现的忧郁。 在火焰熄灭之后，那些火焰构成的图景将保存在记忆里，成为可以不断反刍的影像。

我们已经确切地看到，春节和元宵节，就是口（鼻）、耳、眼的多种感官的一种复合仪式。 经历长达一年的等待之后，饥馑的器官在岁末得到了热切的回报。 节庆，这与其说是人的休闲模式，不如说是对器官欲求所做出的周期性响应。

相传释迦牟尼十大弟子之一目连（又名目键连），希望报答父母的养育之恩，却见已逝去的母亲，沦落在饿鬼道中受苦，瘦得形销骨立，不成人样。 目连为此无限痛心，用钵盆盛饭喂给母亲，但是米饭刚到母亲手里，竟然即刻化为酷热的炭火。 这则故事无疑像我们隐喻了感官饥饿综合症的普遍焦虑。 炭火是更为峻切的饥饿的隐喻，它要向我们传递被火焰烧灼般的苦痛。

这至高无上的焦虑，就是盂兰盆节的真正起源。 在阴郁的乡村庆典里，人不仅要设法消除世间的温饱难题，还要解决鬼魂的饥饿困境。 在长期传承的仪式里，人们必须在路边点燃火堆，放置瓜果包子，或在木板和纸船上放置香烛，让灯火顺水而行，为那些冤死的鬼魂指引道路。 但这与其说是一种生命的引渡，不如说是一种感官的劝慰。 亡灵们在黑暗中沉沦，辗转挣扎，饱尝着各种饥饿的痛苦。 只有人类馈赠的光明与食物能够令其解脱。 微弱的光线就此流布在大地上，照亮他们孤苦无助的身影。

城市化的伟大进程，终结了乡村社会的感官饥饿综合症。城市提供庞大的餐饮、夜间照明及其噪声体系，所有这些事物，饱满、刺眼而又喧嚣，令传统庆典丧失了存在的根基。 在被剥离了内在功能之后，庆典必然要退化为一具文化空壳，进而被精明的商人所填空，把它们变成物品推销的市场。 没有人能够阻止这种文化转型的进程。 民族庆典早已死亡，它的尸体成为城市消费的华丽容器，继而复活在商人们的集会上，像一些冠冕堂皇的丑闻。

火炕：人口制造业的最大机密

　　节庆似乎一劳永逸地解决了农民对光线的渴望。 瞳仁的饥饿暂时消解了，火焰被记忆握住，贮藏于感官的库房。 但取暖却是难以逾越的难题。 正是由于这个缘故，中国火炕的功能被限定在取暖的领域，而跟照明发生了彻底的脱钩。 火炕是隐匿在黑暗里的那种温暖，它横向长约 3～5 米，时常可以容纳全家三代，但它热力所及范围，却只有炕自身的狭小空间。 在漫长的冬季，为了取暖和节省燃料，家族成员必须挤在同一张大炕上，沙丁鱼般并排躺着，以较大面积的脊背去接受有限的温热。①

　　在温暖的黑暗里，取暖体系在辛勤地工作，而照明体系却在长久地休眠。 农民用秸秆（树枝和牛粪）烧暖火炕的同时，笨拙地节省着照明的成本。 但这并未使夜生活变得困窘起来，恰恰相反，黑暗就是性的秘密同谋，它不仅要推进家族成员的亲昵程度，也无言地滋养着性的欲求。 对于农民而言，这是必要的黑

---

　　① 火炕与炉台往往是一体化的，由此形成了取暖体系和烹饪体系的能源联盟，炉台的剩余热能，可以通过管道转向火炕。 炕面是用搅拌石灰的稀泥抹成的，平坦而又坚硬。 由于炕热是从炕面底下传导上来的，人们喜欢将身体置于褥下，以便更接近热源。

暗，它对光线和羞耻心的遏制，正是为了唤起那种秘密的"火炕
体操运动"。

躺的姿势、火炕的温热、难以排遣的漫漫长夜，这三种元素
成了放纵性爱的温床。 在严酷的冬季，狩猎和农业活动大都已
经停止，生命龟缩在密闭幽暗的室内。 而在寒冷的黑夜，除了睡
梦，性便是北方中国人的重要生活母题。 坚硬的石板或灰浆凝
结层代替了柔软的床垫，成为某种对称关系的中轴面。 在它的
底下，燃烧着物理的火焰，而在它的上面，则燃烧着欲望的火
焰。 这是火焰的自我对称的镜像，它们分别宣叙着关于身体的
隐秘真理。

坚硬的火炕是通古斯人（Tungus）①的伟大发明，它要探查人
体弧形骨骼所能承受的地心压力，并塑造着一种坚韧粗硬的人
格，以及对于恶劣环境的耐受性。 目前发现的最早火炕，出现于
金代晚期，位于今天的吉林地区。② 在没有电能的时代，与火
塘、壁炉、围炉等各种取暖物相比，火炕是唯一能把人引向性爱
天堂的尘世台阶。 它是最杰出的家庭造人作坊，越过无边的黑
暗，基于火炕的坚硬赞助，中国人开启了繁殖人丁的伟大事业。

现代人口史研究成果似乎能够证明这种推测。 在金代
（1115—1234），也即第一个千禧年以后，火炕生活方式已经被
女真人所使用。 此举导致女真人口剧烈膨胀，并逼其学习畜牧，
扩大肉食品的来源，继而又开始学习耕作，从植物蛋白中摄取养

---

① 通古斯人（Tungus），泛指通古斯语族的各个民族，属蒙古人种的一个亚种，主要
分布在中国东北和俄罗斯东部地带，包括靺鞨、女真、满族、鄂温克、赫哲、鄂伦春等族，
以萨满教为信仰核心。（参见高凯军著：《通古斯族系的兴起》，中华书局 2006 年版。）

② 《考古》2003 年第 8 期《吉林长白县干沟子墓地发掘简报》：1998 年清理的揽头
窝堡遗址六号房址，是一处有取暖设施火炕的地面式长方形房址。室内环绕东墙、北
墙、西墙修建有火炕，火炕外表为一体，但内部则由两套独立的烟道组成。根据房址形
制与出土遗物判断，该建筑年辈推定为金代晚期，距今大约 800 年左右，为目前发现的最
早的火炕。但根据逻辑推断，火炕的实际出现时代应比这更早，甚至可能上溯至辽代。

分。 但即便如此，仍然无法满足人口增长的强大需求，最终只能
铤而走险，向南边的宋帝国挑战，掠夺那里的土地及农业产品。

在这场暴力入侵中，火炕模式也随之向南传播，成为北方汉
族农民的温暖卧榻。 与此密切呼应的，正是中国人口的第二次
剧烈膨胀。 在这两件历史事实之间，出现了神秘的逻辑关联。①
在某种意义上，中国成为全球最大的人口生产国的部分原因，可
以部分地归结为火炕的发明与扩散。 火炕是个奇妙的摇篮，这
个人口制造业的伟大器具，就是改变历史轨迹的动因之一。

一种习惯性误读支配了中国人的历史理念，那就是把皇帝的
床笫造人工作，简单地视为淫荡的品行。 但淫荡并非"三宫六
院"的本质。 后妃军团的存在，不仅是为了满足皇帝的性欲，更
是为了提升皇室人口产量。 皇帝在书房和卧室同时工作，企图
从管理政治学和人口政治学的两个方位，捍卫王朝的脆弱生命。
这是何等艰辛的使命，它导致了大部分皇帝的早衰。

女真人第二次大规模征服的同时，在盛京（沈阳）的汉制宫
殿清宁宫里修建火炕，向世人炫耀他们的伟大发明。 努尔哈赤
和皇太极的卧榻尺度宽阔，逾越了明代木床的寻常尺度，可以同
时宠幸多位嫔妃。 它是至高无上的权力展室，也是皇帝炮制王
室接班人的工作平台。

清朝建都北京并入住紫禁城后，重新改造了原皇后居住的坤
宁宫，把它变成皇帝成婚大典和祭拜萨满神的圣地。 尽管出于
舒适度和中原风水学的严格考量，皇帝被迫放弃了火炕睡眠的习
惯，转而向汉人的木床致敬，但耐人寻味的是，这个古怪的内部
神庙，延续了人们对火炕的生殖信仰。 它的西侧由三个彼此衔

---

① 辽宋金元时期是中国人口发展的高峰，自由人口跃上 1 亿大关，北宋（包括辽、
西夏、大理）总人口达 1.4 亿；南宋和金（包括西夏、大理）总人口达 1.4 亿至 1.5 亿（参
见葛剑雄主编：《中国人口史》，复旦大学出版社 2000 年版。）。由于人口大量繁殖，北方
居民大规模南下，寻找新的土地资源，导致中国民族政治版图的剧烈变化。

接的超级火炕构成，跟皇帝的木质婚床密切呼应，成为祈求繁衍生子的祭坛，向众神表达爱新觉罗家族最强烈的历史渴望。 它的祈求声回旋在紫禁城的上空，犹如种族的咒语，请求着大规模繁衍子孙的恩典。

瓦斯灯里的忧伤气体

近代照明体系出现于没有火炕的区域。 1865 年的寒冬，也即同治皇帝登基的第四年，太平天国覆灭后的第二年，上海外滩诞生了最早的瓦斯灯。① 在昏暗的路灯下，马车缓慢地驶过碎石路面。 瓦斯灯火投射在江面上，跟铁壳货船的桅灯遥相呼应。一种难以言喻的苦闷从这景色里流淌出来。 刚从小刀会叛乱和太平军进攻的惊惧中平息下来的市民，开始凝望这半明半昧的光线。 这个月亮的代用品，它改变了眼睛的属性。

瓦斯灯，或者叫作煤气灯，是近代工业革命的不成熟果子。它带来了压抑、痛苦、恐惧和暧昧的视觉记忆。 在风中摇摇欲坠的早期灯火，比黑暗本身更加黑暗，因为它照亮了黑暗的忧伤本

---

① 同治元年正月二十八(1862 年 2 月 26 日)，上海英文报纸《航运商业日报》刊出筹建瓦斯公司的发起书，向社会公开集资。上海第一家瓦斯厂于同治四年八月十一在泥城浜(今苏州河南岸，西藏中路西侧)建成。同年九月十三开始供气。十一月初一(12月 18 日)，上海街头亮起了瓦斯灯，当时称瓦斯为"自来火"，瓦斯公司称为"自来火房"。这年是太平天国覆灭的第二年。就在当年：林肯遇刺，美国结束内战；孟德尔奠定了生物遗传学的基本理论；二十个欧洲国家的代表在巴黎签订《国际电报公约》；李鸿章奏请设立江南制造总局于上海。

质。 幽蓝色的火焰制造出有限的弧形空间，犹如一个脆弱的光线气泡。 它要为希望划定边界，却又总是破裂在希望诞生的中心。 瓦斯灯及其昏暗光谱，正是波特莱尔忧郁的源泉，他借此看见了自己废墟化的命运。①

瓦斯开始随着铁质管道的敷设而四处蔓延。 它最初是外滩洋行的最新装备，随后成为富有市民的照明、炊事和取暖的能源。 在19世纪末和20世纪初，拥有瓦斯竟然成为身份的标记。尽管这种标记随后就被电能所代替，但直到1949年后，上海也仅有1.7万个民用瓦斯客户，主要分布在上海西区原法租界区域。他们是"现代"技术的残余用户，顽强地保持着一种看似"优越"的生活方式。②

在那些幽雅的西班牙式洋房里，民国年代的中产阶级，享受着资本主义的技术成果。 他们住进了瓦斯环抱的地带，与"煤球炉阶层"发生了看不见的断裂。 他们借此超越了无产阶级的命运。 就是在"文化大革命"最凶猛的日子里，瓦斯厂的工人也没有终止供气，因为其中的一些管道，直接通向造反派领袖们所占领的高级住宅。 他们狂热地接管了奢靡的资产阶级生活。

在1966年，瓦斯是"资产阶级豪华生活"的象征。 鹤立鸡群的瓦斯消费，点燃了煤球炉市民的怒火，并成为革命暴力的部分动因。 瓦斯供应区域，就是"大抄家"的主要范围。 这两种空间的重合，描述了政治审判地图的微妙边界。 瓦斯管道是隐

---

① 本雅明著，张旭东、魏文生译：《发达资本主义的抒情诗人》，生活·读书·新知三联书店1989年版，第68、69、142页。

② 上世纪20年代，沪东"公共租界"路灯就用"瓦斯灯"，"自来火厂"每天按时派工人点火亮灯。有一时期，街上的路灯出现过瓦斯灯、电灯并存的局面。到30年代初期，上海才全部改为电灯照明，"瓦斯灯"下野。瓦斯公司业务被迫转向单一的炊事，但此举反而成全了瓦斯的发展。1949年解放军占领上海时，瓦斯日输气量已达9.3万立方米，瓦斯管线总长度414公里，家庭用户1.74万户，民用瓦斯普及率2.1%。这局面此后没有太大改变，一直维系到1990年代。

形的路标，为造反派提供阶级斗争索引。 它们在地下蜿蜒爬行，把灾难引向每一个家庭终端。 从那些用生铁浇筑的瓦斯灶上，蓝色火焰发出微弱的嘶叫，仿佛是一种不祥的警告。

瓦斯的另一个奇妙功能被解放了，那就是它的致死性。 在没有燃烧的情况下，溢出的一氧化碳浓度达到 $0.04\% \sim 0.06\%$ 时，就会引发中毒和死亡。 跟奥斯威辛集中营截然不同，上海瓦斯不是种族大屠杀的工具，而是一种避祸的个人技术。 面对严酷的政治迫害，用瓦斯自杀，一度成为上海西区的黑色时尚。 对暴力和羞辱的恐惧超越了死亡，从而令死亡本身散发出令人喜悦的气息。

毫无疑问，只有少数人才能享用这种相对平静的死亡。 自杀者在打开瓦斯灶之前，通常会把门窗的缝隙用报纸和浆糊仔细封好，为减弱临终的痛苦，有的还会服用镇静剂。 死者大多表情祥和，周身呈现为粉红色泽，仿佛是一次婴儿式的奇异诞生。 越过对暴力与暴虐的恐惧，瓦斯为逃遁者提供了美丽的道路。 在经过自我整容之后，他们乘坐瓦斯气球，升上了无所畏惧的天堂。

而在绝大多数无瓦斯地区，由于购买安眠药必须持有单位证明，人们被迫选择那些更为惨烈的死亡——自缢、跳楼和溺水。为此，1967 年外滩黄浦江沿岸和高楼的窗口建起了栅栏，以阻止有人溺水和跳楼自杀。 但瓦斯自杀者未受这些法令和栅栏的困扰。 他们宣判了自己的不在场。 在狂乱的年代，这种身体的缺席，就是至高无上的反抗。

瓦斯的两重性触发了我们的文化好奇。 它一方面制造出新的光源和希望，一方面却带来永久的绝望和死亡；一方面终结着人的生命，一方面又赞助了人的逃亡。 它的本性，破裂在极端年代的严酷现场。 这正是存在困境的一种复杂喻示，它要在温度和光明的面前赞美死亡，并且带着这种破裂去面对历史的苦难。瓦斯就这样进入了人本主义的谱系，成为我们所要痛切关注的事物。

电灯是权力的象征

越过长达二十年的瓦斯灯岁月，一种更加明亮的光线涌现了。它是爱迪生的天才发明，第一次闪亮在英国人点燃的十五盏弧光灯的阵列里。在旧上海外滩的黑夜里，巨大的光明照亮了花岗岩大厦、金属栅栏和碎石路面，犹如一个天堂的复制品和世俗镜像，而瓦斯灯却黯然失色。①

在油灯体系里统治"城市"的上海道台，为这种不可思议的光源而忧心忡忡，他声称"电灯有患"，潜藏着焚屋伤人而无法救援的危险，下令禁止全体上海人使用电灯，并正式照会英国领事馆，指望外国侨民也停止使用这种危险的"玩具"。这是乡村社会权力代表的一次无力的抗争。他要捍卫数千年的帝国乡村经验。而感官对光明的渴望一旦获得解放，就变得势不可挡。

---

① 英国人李特尔创办了上海第一家电厂，在电厂转角围墙内竖起第一盏弧光灯杆，并沿外滩到虹口招商局码头立杆架线，串接十五盏灯。清光绪八年六月十二(1882年7月26日)天黑时，电厂开始供电，弧光灯同时大放光明，炫人眼目，吸引成百上千的路人围观。次日，上海中西报纸均作了惊喜的报道。该电厂的出现，比全球率先使用弧光灯的巴黎火车站电厂晚七年，比东京电灯公司早五年，标志着中国电力工业的启动。

似乎没有人理会道台先生的劝谕，到了清光绪三十年（1904），上海电灯数量已经多达八万余盏，遍及主要的商业街道和租界居民住宅。电灯彻底打开了通往夜生活的道路。道台早已化为尘土，而他的子孙们则成了电灯的主人。

夜生活就是城市生活的本质。它借此划定了跟村社生活的界线。电灯建立起全新的照明体系，为夜生活提供最明亮的光线，照亮那些物欲和情欲在其中诞生的场所——街道、店铺、餐馆、酒吧、舞场、烟馆、旅舍以及妓院。在那些场所，电灯是斡旋者，它敦促白昼与黑夜达成戏剧性的和解。城市自此走出了漫长的童年。

拥有强大照明体系的城市，经过短暂的黄昏的恍惚，在天黑之后第二次苏醒过来，再度变得生气勃勃。在"支付型生活"终结之后，"享乐型生活"开启在灯火通明的午夜。越过白昼的坚固墙垣，时间被剧烈延展了，人由此得以两倍地活着，两倍地占有实存，并且注定要为这种存在而探求双重的空间。新光源尽其可能地拓展了人活动的边界，把生活推到世界的最外缘。通过电灯，人拥有了主宰生活的权力。电灯据此亮出了自己的哲学：人不但要活得更长，而且要活得更多。

就其本性而言，夜生活跟昼生活是截然不同的。它的亮度有限，同时拥有更神秘的阴影和黑暗。光与影的对抗变得异乎寻常起来。这就是黑夜空间的属性，它被光与影所分裂，形成尖锐的对比。在抵抗黑暗的战争中，电灯在人的四周竖起了光的栅栏。黑夜仓皇地退缩了，在人的身后留下了巨大的阴影。阴影是黑夜的同谋，但却拥有一个光线伴侣的容貌。阴影描述了光明的轮廓，为它下定义，并且判处它和自己一起永生。

电灯的光线在修辞学上是双关的——在自照的同时照亮他者。这是双重的照亮。就这个意义而言，它跟火炬和蜡烛相似，却把他照和自照，推进到以往任何照具都无法企及的程度。

对爱迪生式白炽灯的观察，令我们获得了这样的印象：它是如此脆弱，仿佛随时会像气泡那样黯然破灭。 电灯之火，燃烧在一根细小的钨丝上，柔弱而颤动着，站立在充满氮气的玻璃泡里，犹如一个安徒生式的令人怜惜的女孩，它那静止的舞蹈显得仪态万千。 它清晰地照亮了自己的姿容。 玻璃灯泡的脆弱性，跟灯丝的脆弱性，形成了物理语义上的密切呼应。

而在另一方面，电灯的他照也比以往任何照具都更为明亮。它建立了跟太阳抗衡的照明体系，散发出令人震惊的白昼气息。尽管它的火焰是静止而理性的，停栖在时间的每一个尽头，被电表的精密读数所限定，却可以在一个瞬间里同时大放光明，这种严密的可操纵性，正是现代城市秩序的表征。① 而瞬间的集体放光，急剧强化了光明的力度。 这是它的大爆炸式的力量，也是它遭到乡绅非议的污点。 但它却更鲜明地表达了威权的意志。"神说要有光，于是就有了光"这种经文般的句式，揭示了隐藏在电灯背后的语义。

著名纳西族女人杨二车娜姆，在其回忆录中如此描述第一次看见电灯的反应。 她在旅馆里不停地用拉线开关操纵电灯的明灭，并在光明和黑暗的对转中哈哈大笑②。 这是"福达游戏"式的快感，它要照亮乡村少女的单纯命运。 对于发现秘密的女孩而言，光线意味着权力，而拉线开关就是握住权力的手柄，她借此操纵了世界的形态，命令它黑暗或者光明。 越过昏昧的浓烟缭绕的火塘社会，她不仅看见城市的模糊轮廓，也握住了它柔软的中枢。

---

① 本雅明援引的观点，认为一个一个点亮汽灯的节奏，跟乡村的自然环境更加合拍，而突然间大放光明的模式，则是一种被集权化的程序。参见本雅明著，张旭东、魏文生译：《发达资本主义时代的抒情诗人》，生活·读书·新知三联书店 1989 年版。

② 杨二车娜姆著：《走出女儿国》，长安出版社 2003 年版。

霓虹灯下的哨兵

"氛气标志"是霓虹灯（Neon sign）的英文本义，它从一开始就向我们宣喻了其双重品质：既是一种科技（氛光）的产物，又是关于城市的"记号"（能指），用以标示特定的商品或店招（所指）。① 但这种标记（能指）的不同寻常之处在于，它既能自我照射和自我表达，如同所有的电灯，又能在广告形象（女人像）中传达着外在情欲的语义。这是彩色玻璃灯管、桃红色基调的女体造型、隐秘的情欲、需要被煽动起来的物欲（购物欲）的多层指向。前一个环节的所指成为后一个环节的能指。这种滚动式的意指系统，把霓虹灯的语义不断推向都市的深处。

霓虹灯广告发布商的策略，就是利用情欲来点燃购买的激情，但情欲自身也因此获得了生长的契机。街道就是情欲的宏

---

① 中国第一个霓虹灯广告,出现在1926年上海南京路伊文思图书馆的橱窗里,它跟图书有关;而第一个国产的霓虹灯则在1927年被用于上海中央大旅社。以上两种霓虹灯均跟情欲无直接关系。但这种局面很快就被扭转了。到了1930年,荧光粉工艺被发明,霓虹灯的色彩变得更加绚烂夺目,由此开启了向情欲进军的艳俗道路。到1949年为止,中国本土霓虹灯工厂已有三十多家,生产了数万个霓虹灯管。

大舞台。 在城市空间的上部，分布着各种霓虹灯广告，闪烁出五彩缤纷的艳俗光芒，而其下部则是行走的女人，衣着时髦而性感，向游客展露着尘世的万种风情。 这两种情欲图景融合起来，构成了大都会的迷幻全景。 它是城市乌托邦的视觉核心。

被霓虹灯照亮的上海"百乐门舞厅"里，一度聚集着全城最美艳风骚的舞女。① 正如作家白先勇笔下的尹雪艳那样，她们是都市里的交际花、妖精和主宰上海的秘密女王。 她们也是霓虹灯的化身，照亮了四周的男人，像吸血鬼（吸精鬼）一样获得永生，而男人则在她们四周衰竭而亡。 舞女是一种危险的生物，晶莹巧笑于情欲迷乱的舞场，继而成为男人的秘密情人，把他们禁锢在情欲里，并最终从那里征服和消灭他们。 舞女们的微笑，是一种富有魅惑力的面具，跟霓虹灯唯一的不同是，面具是不透明的，因而无法自照，她们据此拥有不可知性，无限神秘。 而在面具背后，浮动着不可战胜的古老幽灵。 舞女据此成为情欲永不衰老的代言人。②

----

① 百乐门舞厅，系近代上海最著名的舞厅，曾被誉为"远东第一乐府"，位于静安寺附近（今愚园路 218 号）。1932 年，中国商人顾联承征地后建造舞厅 MountHall，并以谐音取名"百乐门"，建筑占地 930 平方米，建筑面积 2550 平方米，高三层，钢筋混凝土结构。大楼门前的墙垣用山东花岗石砌成，为增加气势，在转角中央，建起一座层层收缩的四节圆形玻璃银光塔，顶上再加旗杆，直刺天空。这一建筑艺术手法的运用，勾勒出了大楼的宏伟轮廓，该银光塔配上霓虹灯，在上海的夜晚更显得流光溢彩。建筑物二至三层为舞厅，可容纳数百人跳舞。在小型舞厅还使用晶光玻璃，其下安置电灯，令人目眩迷离。舞厅内电灯 18000 多盏，灯光强弱可以自由调节。舞厅建成后，每天晚上 9 米高的玻璃灯塔和霓虹灯一起熠熠发光，吸引着社会名流光顾。"百乐门"没有停车场，车子只能停在远处小马路等候。为方便舞客，百乐门在顶上的玻璃银光塔上装了许多灯泡，串成数字号码。每辆等候的车子对应一个号码。当司机看到自己的车号在灯塔上亮起来时，便知主人要离开。百乐门舞厅的舞女中最负盛名的叫陈曼丽，1941 年因不愿意为日本人伴舞，被枪杀于舞厅内。近年上海进行城市规划建设改造，并将特色景点或建筑恢复旧观，"百乐门"也被列为重新改造对象。新"百乐门"在旧址上改造，基本恢复原貌，定位为高级舞场，以吸引上海中高阶层的消费群（资料来源：2006 年 8 月 24 日《北京青年报》和 2004 年 3 月 1 日《新民晚报》等）。

② 白先勇著：《永远的尹雪艳》，《白先勇文集》，花城出版社 2000 年版。白先勇早年曾随家族在上海居住，这段童年记忆支配了他的毕生书写。

　　无独有偶，早在左翼作家茅盾的《子夜》里，上海就已矗立于黑夜之中，并以霓虹灯作为自己的视觉标记。 但它的语义却隐藏着巨大的杀机。 它甚至击倒了来自乡村的地主吴老太爷。他被儿子从乡下接到都市，一路上被霓虹灯所放射出的情欲光芒所震惊，当场中风，而后在医院里死去，成为大都会灯光谋杀案的第一主角。 他的猝死验证了霓虹灯的负面价值。 霓虹灯的危险特性，早已逾越了常识所描述的边界。 它是一种有罪的灯具，制造着乡村和城市的价值对抗。

光明城市的乌托邦

城市照明经历了四个阶段：汽灯时代、电灯时代、霓虹灯时代和全景照明时代。[①] 照明技术正在全力开拓着自己的领地。它所征服的空间日益广阔。 然而，为什么都市社会需要照亮？它究竟要照亮什么？ 它又是如何被照亮的？ 在全景照明时代，这些问题正在变得日益尖锐起来。

城市公共空间的照明，起源于路灯。 它是对夜间道路行走的一种技术支持。 在乡村的田野里行走，行灯成为人的唯一伴侣。 黯淡的火焰在灯笼里瑟缩，只能照亮身体前端的咫尺范围。风雨是行灯的死敌，它使夜间行走成为最危险的举动。 行灯的火焰甚至时常会点燃罩纸（布），形成灯具自燃的可笑喜剧。 煤汽灯的涌现改变了这一尴尬状态。 它排成长长的阵列，像蛇那样向前延伸，照耀着作为第一公共空间的道路，成为近代市民行进的路标，并为我们构筑起一种难以言喻的现代性希望。

---

① 汽灯、电灯和霓虹灯均属于单体照明或区域照明，跟全景式照明截然不同。但全景照明吸纳了所有现成的照明技术，包括电灯和霓虹灯在内。

　　这种照明后来才进入商业作业的第二公共空间，用以照亮难以计数的物品及其购买者，也照亮了钱币上的数字和图案。　嘈杂的市场（商铺、银行和股票交易所）明亮起来，购物、晚餐、跳舞、约会、无所事事的逛街和橱窗购物（Window shopping），所有这些行为都被人工光线所描绘，变得怪诞起来。　在现代城市的黎明，这种被蓄意照亮的市场，就是人为自身建造的世俗天堂。

　　源于市场的照明，最初是功能性的，但它仅仅是照亮而已，也就是照亮他者（他人和他物），其间并未指涉任何其他要素。但早期世界博览会的伟大发明，改变了城市跟照明的单一关系。它不仅要照亮街区的居民，也要照亮建筑群落乃至整座城市，借此为圣诞节、狂欢节、国庆节和劳动节等庆典效力。　城市在转瞬即逝的焰火之外，还要指望一种更为恒久的光线，覆盖大地上所有人群及建筑物。　它是对上帝之手的临摹，把广阔而博大的光线，投放到大地的世界体系之中。

　　即便是在最贫困艰辛的年代，庆典都渴望改写黑夜的定义。在旧上海的高层建筑四周，普通白炽灯被不厌其烦地串联起来，为各种筑体（楼宇、高墙、桥梁、街道和牌楼）勾勒出一道细弱的光边。　这些大大小小的混凝土事物，不屈地矗立于茫茫黑夜，向人民昭示着有关的国家信念。

　　1998 年，也就是香港回归祖国后的第二年，盛世气息弥漫整个中国，上海率先启动了外滩西岸的灯光照明体系。　它是一个展览自身魅力的国家橱窗，构筑着权力美学的宏大展品。　杭州和宁波老外滩等地也尾随其后，探求城市照明叙事的独立语法。在西湖和外滩的外来主义美学之间，出现了宏观互补的格局。这就是长江三角洲的共同气质，它要利用黑暗修改城市的容貌。

　　这种夜景泛光照明体系，完全不同于市场消费主义操纵的霓虹灯光阵。　霓虹灯是单个物品（商品、品牌或商业机构）的自我叫喊，它是喧闹而无序的，却充满了生机和活力，成为市场自由主义的象征，但外滩照明体系属于总体性权力，它是一种预谋和精心编制的宏大光线叙事，借此表述国家（区域）的强大权能。这个利用了多重技法的光织体，包含直接照明（路灯照明、轮廓照明、点光源照明等）和间接照明（泛光照明、背投光照明、内透光照明等）的复杂元素，据此描绘着上海夜间的容貌。即便在电力紧张的盛夏，它仍然坚守着盛大光明的造型，通宵达旦地陈述着某种真理。

上海外滩的语义是旧时代的产物，它的言说主体是高度"他者"化的，其间隐含着海上征服者登陆滩头的胜利信念。但此后便内化为一种自我命名和陈述。这变化最初是对历史地名的沿袭，而后却转变成当下的文化暗示：一方面，旨在向西方投资者发出盛情邀请；另一方面，它也要向内地的人民炫示一种区域成就。它似乎在说，我是对外开放的，我是上（下、去）海（海外、国外、西方世界）的最大港口和通道。

而对于普通人而言，它只是存在于现世的乌托邦，像浮动于黄浦江上的华丽舞台，为卑微的个人生活，点燃了照明修辞学的希望。他们凝视这辽阔的布景，俨然凝视着自己未来的命运。

焰火影像的礼赞

　　焰火有一个伟大而性情暴躁的母亲，那就是黑色火药。 在光线昏暗的丹房里，聪明的道士们发现了硫磺和硝石的秘密配方。 著名道学家孙思邈（581—682）把这个秘方写入了《丹经》一书，宣称只要将硫磺和硝石混合，加入点着火的皂角子，就能引发焰火，去除丹药内部的毒性。①这是改变人类历史的非凡时刻，黑色火药诞生于炼丹师的永生实验，却最终成为毁灭人的凶器。 这种强大的技术反讽，就是历史推进的荒谬动力。

――――――――――

　　① 最迟在八百多年以前，含硝、硫、木炭三个组分的火药已在华夏出现。炼丹家对于硫磺、砒霜等具有猛毒的金石药，在使用之前，常用烧灼的办法"伏"一下，"伏"为降伏之义，意谓降低或消除药的剧烈毒性，该工艺叫作"伏火"。据"药王"孙思邈在"丹经内伏硫磺法"中记载，将硫磺、硝石各二两，研成粉末，放在销银锅或砂罐子里。掘一地坑，放锅子在坑里和地平，四面用土填实，将三个皂角逐一点燃，夹入锅里，再用硫磺和硝石点燃焰火。等焰火熄灭，再拿木炭来炒，炒到木炭消去三分之一，便可退火，如此等等，由此完成伏火工艺的全部程序。但火药工艺本身并不能解决永生难题，又容易着火，使用危险，炼丹家对其颇有戒惕。直到明代才由李时珍进行二度阐释，他在《本草纲目》中宣称火药可以外用方式入药，主治疮癣、杀虫、辟除湿气和瘟疫。这是火药从制药工艺向药品本身的重大转型。参见《道藏·众术类·诸家神品丹法》，文物出版社、上海书店、天津古籍出版社 1988 年影印版。

　　将炭与硫磺、硝石混合的黑色火药，在炼丹时代就只能是"丹房火药"，充当丹药炼制工艺中的辅助性药剂。而后才变脸为"沙场火药"，被软弱的宋代军人用于战争，成为攻打城垣和屠杀敌手的酷烈火器。① 在乡村，它进而变身为驱鬼的爆竹（鞭炮），这种"田野火药"的巨大声响，不仅能够吓跑面目狰狞的厉鬼，而且足以为静寂综合症提供有力的声音疗法。②

　　而与此同时，一种叫作"市井火药"的事物在北宋的城市里诞生，它是江湖艺人进行杂技表演的重要道具。在这种黑色火药的衍生物里，被掺入了磷块、硅化物、易燃金属粉和植物粉末等，由此构成关于光亮、硝烟和声音的戏法。在街头灯市或元宵节的黄昏里，焰火像幽灵一样点燃了，闪现在目瞪口呆的行人面前，成为光线杂耍的一种瑰丽要素。③

　　对于我们而言，第三、四种火药是至关重要的，因为只有它们才构成意识形态修辞的两个要素，分属于草根美学和国家美学。它们从一开始就企图为不同的存在编织光线的花边。在宋代，民间出现了烟火爆竹作坊，烟火制造业和表演业都已基本成形，并有了"起轮"、"走线"、"水爆"、"流星"和"地耗子"等诸多品种，④但它们随即就被帝国征用，成为政治庆典的崭新元

---

　　① 曾公亮、丁度著：《武经总要》，中华书局 1959 年影印本；《四库全书珍本初集》，商务印书馆影印本。

　　② "先于庭前爆竹，以辟山臊恶鬼。"（梁宗懔：《荆楚岁时记校注》，台北文津出版社 1992 年版）。宋代李畋《该闻录》中，亦记有一则爆竹驱鬼的记载："李畋邻叟家，为山魈所祟，畋令除夕聚爆竹数十根于庭，焚之使爆裂有声，至晓乃寂然。"（引自《古今图书集成·岁功典·除夕部》）

　　③ 辛弃疾词《青玉案》，曾如此描述元宵灯节时分的焰火场面："东风夜放花千树，更吹落、星如雨。宝马雕车香满路。凤箫声动，玉壶光转，一夜鱼龙舞。"

　　④ 周密著：《武林旧事·卷三·西湖游幸》，西湖书社 1981 年版。

素。 大型皇家园林艮岳①落成时，主办者用火炮将"烟火"送至半空爆炸燃烧，全场欢声雷动，为皇帝亲自设计的艺术杰作而山呼"万岁"。② 这是人类史上第一场国家焰火晚会，它征用民间的光明制造工艺，却成了自我颂扬的国家修辞大会。

这无疑是一个特殊的话语事件，硫磺语词呼啸着升上宋朝的天空，瞬间爆炸和明亮起来，俨然灿烂的花朵，向才华横溢的君王发出盛大赞美，而后，硝烟缓慢地随风飘散，等待着另一批硝石语词的升空。 这篇冗长的马拉松式颂文，其语词是逐个依次线性推进的，并被不同样式的语词组成章句，在天空或地面上汇合，形成光线的宏大织体。 皇帝和人民在一起观看，沐浴于乌托邦的光辉之中。 而在火药话语的盛宴终结后，人民心满意足地返回寒伧的陋室，也就是回到贫困的现场。

但这种焰火的仪典稍纵即逝，只留下一个黯淡无光的影像背景。 不仅如此，园林的过度奢靡还引发强大的民怨，并成为民众接纳金兵的道德理由，直接导致了北宋王朝的覆灭。 此后寒冬

---

① 宋代张淏在为宋徽宗《艮岳记》所写的前言里，记载了该园林的兴废过程。徽宗登极之初，皇嗣未广，有方士言："京城东北隅，地协堪舆，但形势稍下，傥少增高之，则皇嗣繁衍矣。"上遂命土培其冈阜，使稍加于旧矣，而果有多男之应。自后海内乂安，朝廷无事，上颇留意苑囿，政和间，遂即其地，大兴工役筑山，号寿山艮岳，命宦者梁师成专董其事。时有朱勔者，取浙中珍异花木竹石以进，号曰"花石纲"，专置应奉局于平江，所费动以亿万计，调民搜岩剔薮，幽隐不置，一花一木，曾经黄封，护视稍不谨，则加之以罪，斫山辇石，虽江湖不测之渊，力不可致者，百计以出之至，名曰"神运"，舟楫相继，日夜不绝，广济四指挥，尽以充挽士，犹不给。时东南监司郡守，二广市舶，率有应奉。又有不待旨，但进物至都计会宦者以献者。大率灵璧太湖诸石，二浙奇竹异花，登莱文石，湖湘文竹，四川佳果异木之属，皆越海度江，凿城郭而至；后上亦知其扰，稍加禁戢，独许朱勔及蔡攸入贡，竭府库之积聚，萃天下之伎艺，凡六载而始成，亦呼为万岁山，奇花美木，珍禽异兽，莫不毕集，飞楼杰观，雄伟瑰丽，极于此矣。越十年，金人犯阙，大雪盈尺，诏令民任便斫伐为薪；是日百姓奔往，无虑十万人，台榭宫室，悉皆拆毁，官不能禁也。（引自李濂著：《汴京遗迹志》，中华书局 1999 年版）

② 艮岳又名"万岁山"，乃是宋徽宗赵佶的艺术杰作，著名小说《水浒传》里关于"花石纲"的叙述，即指这一工程。虽造园艺术高超，唯因耗尽民力国财，引发民怨，成为北宋覆灭的导火索。"万岁"之音，竟成北宋王朝的死亡哀歌。

突然降临，京城的百姓拆除园林的高级木料，用以点火取暖。 人造的乌托邦光线，并未给百姓带来幸福，恰恰相反，它带来了漫长的政治严冬，而人民取暖的唯一路径，就是拆除这座乌托邦花园，把它还原成简陋的柴禾。 百姓找到了最粗野的取暖方式。那是百姓为自己点燃的火焰，它放肆地焚烧着皇帝的天真梦想。

这无疑是对宋徽宗造园和造光工程的犀利嘲讽。 但它无法阻止焰火成为历朝皇帝的主要修辞话语，用以弘扬太平盛世的光明图景。① 随着蒙古军人和阿拉伯工匠的传播，这项伟大工艺甚至传到欧洲，成为波斯、拜占庭、罗马教廷和法兰克王国的政治点缀。 焰火进入了世界体系，从那里开拓制造光明的空间。

正是由于这个缘故，转瞬即逝的焰火，并未跟中世纪帝国一起腐烂，反而从世界体系那里重返祖国。 它最初跟艮岳一样，成为权力荣耀的象征，而后又转变为现代性的辉煌标志，并被纳入大都会照明体系。

我们早就被告知，焰火是一种全球性话语，被讲述于各种宗教或世俗节日。 它的灿烂流星般的视觉图式，跟巍峨不动的建筑，构成对位与互补的景观，夸张地阐释着人民的诗意生活。 光线的语词穿越脆弱的黑夜，为我们置身其中的文明下定义，宣喻它的伟大属性。 最短暂的焰火发出了最恒久的赞美。 它要把天空上的光线交还给大地。 这就是后现代的文化逻辑。 正是从这辉煌的影像中，世界体系获取了政治修辞的动力。

---

① 利玛窦如此描述中国人对焰火的热爱：中国人非常喜欢这类表演，并把它当作一种庆祝活动的主要节目。他们制作焰火的技术实在出色，几乎没有一样东西他们不能用焰火巧妙地加以摹仿。他们尤其擅长再现战争场面以及制作转动的火球、火树、水果等，在焰火上面他们似乎花多少金钱也在所不惜。我在南京时曾目睹为庆祝元月而举行的焰火大会，这是他们的盛大节日，在这一场合我估计他们消耗的火药足够维持一场相当规模的战争达数年之久。（利玛窦、金尼阁著，何高济等译：《利玛窦中国札记》，中华书局1983年版。）

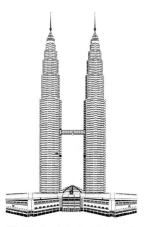

权力美学与新建筑运动

  颠覆式的权力美学无视居民和老建筑的情感联系，无视人的生活经验与记忆，无视旧建筑与历史文明之间的表意关系，也无视人与自然的依存关系。

嬴政和朱棣的形象工程

两千多年以来，在中国版图上崛起了两座建筑大碑，那就是阿房宫和紫禁城。这两个建筑物分别座落在中国专制史的两端，成为漫长的权力叙事的开端和结尾。

秦始皇嬴政对宫式建筑的狂热爱好，显示了其疯狂的、永无止境的权力欲望。在统一六国的政治进程中，每征服一国，他就要求绘制该国的宫殿宝图，在咸阳附近仿造六国宫殿，据说共有宫室百余处，其中比较著名的有甘泉宫、兴乐宫、长扬宫等。公元前212年，嬴政征发刑徒七十多万，在渭河南岸上林苑区域内，打造更大规模的阿房宫。它是嬴政指挥下的建筑大合唱的最高音。①

司马迁在《史记·始皇本纪》里宣称，嬴政建造的阿房宫前殿，东西五百步，南北五十丈，殿中可以坐万人，甚至可以树起五丈高的大旗。《汉书·贾山传》称，阿房宫规模"东西五里，南

---

① 嬴政的另一个杰作是一座"阴宅"——他本人的坟墓，其中被开凿的部分，世称"秦始皇兵马俑坑"。鉴于其已经被广泛宣传和众所周知的缘故，此处不再赘述。

北千步。"唐朝诗人杜牧则形容它覆盖三百多里地，几乎遮蔽天日，从骊山的北面建起，曲折地向西延伸，一直通往咸阳；长廊如带，屋檐高挑，亭台楼阁象蜂房那样密集，巍峨连绵，不知道它们究竟有几千万座。① 还有传说称，阿房宫大小殿堂七百多座，各殿的气候同一天里都不尽相同；珍宝堆积如山，美女成千上万；嬴政一生巡回各个宫室，每处仅住一天，而至死时都未能把这些宫室住遍。 在西安西郊三桥镇以南，东起巨家庄，西至古城村，至今仍然保存着约六十万平方米的宫殿遗址。 但这还只是宏大规划中的很小部分。 由于嬴政之死和秦帝国的迅速覆灭，这个庞大的工程被迫终止，随后，它的建筑物就和蓝图一起，消失在项羽点燃的熊熊火焰之中。

中国历史上唯一能够跟阿房宫实施对偶的，是明朝第三个皇帝朱棣所建的紫禁城，它以南京宫殿为蓝本，据说征用了上百万名民工，耗费十四年之久，在永乐十九年正月初一（1421）正式启用。 它占地七十余万平方米，拥有各式木结构的殿宇楼阁九千多间，以琉璃瓦为屋顶、青白石为底座，饰以金碧辉煌的彩绘，建筑面积达十五万平方米，其空间的宏大超过凡尔赛宫而名列世界第一。 越过化为焦土的阿房宫废墟，帝王美学在华北平原爬升到了历史的顶点。

朱棣是篡位者和残暴的屠夫，在靖难之役后，他虐杀的反对者有一万多人，②他大规模起用宦官，开设东厂和恢复锦衣卫，形成太监政治和特务政治的双重体制。 他还是历史话语的篡改者，三次修撰《太祖实录》以伪造自己的身世，证明自己是皇太后所生而不是后妃的子嗣。 但在另一方面，他也是伟大的权力

---

① 杜牧：《阿房宫赋》（陈允吉校点），载《杜牧全集》，上海古籍出版社1997年版。

② "丁丑，杀齐泰、黄子澄、方孝孺，并夷其族。坐奸党死者甚众。"见于张廷玉等所撰《明史》本纪第五。本文关于朱棣的叙述，还可参见《明史》本纪第五～第七、礼、食货诸篇、《郑和列传》等，限于篇幅，大多不再另行作注。

美学的缔造者。 他在这方面的建树，超过了包括赢政在内的所有专制主义领袖。 尽管如此，历史学家还是对这个邪恶的天才露出了困惑的表情。

在权力美学方面，朱棣为我们留下了六个令人惊叹的杰作——北京皇宫、长城、运河、郑和下西洋、永乐大典和大报恩寺的琉璃宝塔①。 其中，皇宫是证明其正统性的核心；寺庙是他为过度杀戮而忏悔赎罪的地点；长城是国土的坚硬屏障；运河是贯通新旧京城（南京和北京）的政治血管；郑和下西洋是他的权力在全球范围内的巨大延伸；那部仅仅缮写了一套的《永乐大典》，深藏于他的私人图书馆内，实现了他对于信息的彻底垄断。 耐人寻味的是，上述六大杰作，构成了中国历史上最宏大多样的"形象工程"，直到今天，我们都能闻到篡位者身上散发出的狂热气味。

最富戏剧性的一幕出现在永乐十三年（1415）。 郑和舰队在非洲东岸发现了长颈鹿，在郑和的精心策划下，非洲麻林国代表团把它当作神兽"麒麟"进献给了皇帝。 朱棣在奉天门亲自主持盛大的典礼，以迎接这个代表国家吉祥的巨兽，籍此证明其权力的合法性。②"麒麟"是一个身份性记号，象征他和上天之间的神圣"契约"。 这个"契约"可能只拥有一种语义，即朱棣是上天之子。"麒麟"的巨大体量，温和的容貌和奇异的长脖，它是"神兽政治学"和权力美学的奇妙结合：天然混成，身材高大，具有不可思议的宏大性，并且跟神话叙事中的麒麟图式基本吻合，令心存疑虑的文武百官和京城百姓感到无比震惊。 他们终于意识到朱棣的夺权和迁都，都是上天意志的表达。

这场著名的"麒麟闹剧"，只是朱棣庞大的形象工程中的一

---

① 该宝塔位于南京，由郑和奉命监造，号称中世纪世界七大奇观之一，毁于洪秀全部将韦昌辉的炸药。

② 参见张廷玉等：《明史》卷三百二十六，列传第二百十四，外国七。

个章节而已，但它暴露出篡位者对合法性焦虑。 嬴政是帝国土地的征服者，他的伟大性融合在广袤的大地上，犹如他所安睡的卧榻。 朱棣是嬴政的模仿者，他们在外表上有着相似的容貌：残忍、暴虐、充满政治智慧，对征服广阔的土地有着强烈嗜好，以及对权力美学，尤其是建筑美学的巨大贡献。 但朱棣的最大心结，却是作为阴谋家的身份。 他一直置身于非法篡位的指责之中，这种声浪直到他死都未能完全平息。 朱棣对民间舆情、国际视线和历史叙事的恐惧，达到了寝食难安的地步。 在夺取王位之后，他把下半生的全部精力，都投入到了抹除篡位踪迹的事业之中。 篡位者的羞耻感转成了强大的精神推力，逼迫暴虐的皇帝成为历史上最伟大的建筑师。 他超越了嬴政，把权力叙事扩展到建筑以外的各个领域，以重绘他本人在世界橱窗里的肖像。

朱棣的政治叙事包含了三种基本形态：用砖木构筑的"建筑叙事"（皇宫、长城和运河）、用宝船以及全球化航线构筑的"地理叙事"（以"厚往薄来"的方式建立夷邦朝贡体系，显示其作为中央帝国领袖的至高无上的权能），以及用三亿七千万个汉字以及纸张所构筑的"历史叙事"。 其中"地理叙事"因文官的长期抵制而销声匿迹，"字纸叙事"则因官吏偷盗、战争纵火和外国军队焚掠而散佚殆尽。 只有"建筑叙事"的成果——长城和故宫，继续屹立在以后的世界，成为民族的伟岸象征。 这不仅是建筑和纪念碑，而且也是朱棣本人的巨大雕像。 经过这些宏大的权力建构，朱棣完成了他本人的历史叙事和偶像塑造。

古典权力美学也完全露出了它的全部本性：第一，对土地征服的渴望带来了建筑空间的广阔性、宏大性和扩张性；第二，基于空间的扩散，它必须拥有一个权力的中心，这种中心在室内通常被皇帝的宝座所占据，而在室外则由主体建筑本身来充当；第三，它必须用各种既定的权力符号来充填叙事的细节。 皇帝籍此向公众炫示权力的品质——阔大、崇高、威严和令人生畏。

朱棣整合与统一了历史上所有的权力符号。 麒麟、门前石狮（舞狮）、牌楼、华表、日晷、圜丘、九龙图式、琉璃瓦顶、弧形的挑檐、高大的石阶、层叠的雕栏、镶有巨型铜钉和门环的大门、广袤的广场、伟岸的红墙，等等。 其中一部分权力符号被郑和的舰队带往海外，成为此后中国移民（"华侨"）构筑"唐人街"的核心元素。 而另一部分则被留在本土，继续为皇帝的家族所垄断。

在北京十三陵的长陵里，长眠着这位中国历史上最疯狂的建筑师。 被用于举行死后追穰仪式的祓恩殿仍然那么宏大，那些由郑和舰队从南洋带回来的巨大楠木柱子，默然无语地支撑着老皇帝的权力信念。

但这种权力美学的打造，因其宏大性而成本过高，令朱棣在生前就陷入了类似嬴政的财政危机之中。 征集民夫打造长城和阿房宫，激起严重的民怨和民变，成为秦帝国灭亡的逻辑动因。而朱棣的大兴土木和郑和在永乐年间的六下西洋，同样大肆消耗了明王朝的资源，引发严重的铜钱荒和白银荒，宫廷财政亏空严重，经济危机爆发，1405—1421 年，仅仅过了十六年，物价就飞涨了三百多倍。 民众的怨恨、抗议和反叛事件（如白莲教叛乱）洪水般包围着紫禁城，甚至文官集团都开始私下议论永乐大帝的过错。 朱棣为其权力美学和宏大叙事付出了高昂的政治代价。

奇迹背后"看不见的手"

1992 年的邓小平南巡讲话，在时间轴线上留下了一个鲜明的记号。 这意味着现代化运动和城市改造浪潮的再度涌起。 大批新式公共建筑和住宅群落在城市里诞生，并且在 1997—2003 年间，中国城市的灰暗容貌，突然变得年轻和生气勃勃起来。

这是进行现代化改造的范例：地方政府在短期内完成地方银行融资和民间集资，对大面积旧屋实施拆迁，雷霆般推行城市改造规划，征调数十万乃至上百万民工，夜以继日地打造新建筑。整个中国成了超级工地，它所扬起的灰浆和尘土，在地球上空形成了巨大的烟云。

在这场城市现代化运动中，强大的、无可置疑的行政威权，成为至关重要的因素。 在这一进程中，它忽略了公民投票、专家评审、人大批准程序、民事诉讼和艰难募集资金的过程，以低廉的征地、材料和时间成本，制造出城市变脸的奇迹。 行政威权在现代化运动中的这种强大功能，使所有海外观察家都感到惊讶。2001 年 4 月，龙应台访问上海时宣称，你们的确制造了奇迹，但在这种奇迹的背后，我看见的只是强大的权力。

在我看来，威权不仅是塑造城市的强大动力，也是决定城市风格样式的"看不见的手"。它以美学的名义支配着现代化的向度。并坚持着这样一种理念：在城市化的进程中，大尺度、大体量和大景观，是衡量建筑的唯一美学尺度，也是评判政绩、经济发达、社会繁荣和人民幸福的主要尺度。

中国的大都市现代化建设，在古典权力美学和西式权力美学之间展开了激烈的竞赛。就连最贫困的地县级城市，也卷入了这场权力美学的超级竞赛，企图在自己的领地上打造新的权力纪念碑。在短短几年之内，政府行政建筑成为每个城市里最豪华的景观。加上宽阔的主街、中心广场、标志性雕塑、用玻璃幕墙构筑起来的银行、电讯大楼和超级市场，它们的宏大性已经到了匪夷所思的地步。

地方政府行政大楼和中心广场，在新建筑浪潮中扮演了非凡的角色。它们对偶地组成了城市的宏大意象，以象征威权的广阔无边。在浙江嘉兴市，庞大的办公楼群前端，是占地辽阔的"亲民广场"，其面积可与上海人民广场媲美，尽管风格过于空寂清冷，却又执意要叙写着政府与民众的蜜月。

但在对它深究之后就会发现，它远离居民聚居区，却没有公共交通工具可以抵达，也没有座椅和遮阳凉棚供人驻足休息，平民置身其间的唯一感受，只能是个人的渺小性和无力性。几乎没有市民从那里经过，更没有游客在那里流连忘返。这种情景无疑是对"亲民广场"命名的一个建筑学讽喻，宏大空间拉开了与民众的距离，令政府办公大楼变成一座权力孤岛，矗立在光裸的水泥地坪之间，从而完全丧失其"亲民性"。在权力的尺度被大肆炫耀之后，人的尺度遭到了蔑视，但权力美学演绎的结果却恰好相反——正是蔑视者本身遭到了民众的蔑视。①

工业化的权力美学，还显示出对泥土、树木等一切自然形态的敌意。 在实施空间征服的同时，隆隆的混凝土战车碾过芬芳的土地，把它变成坚硬的板块。 它大肆砍伐树木，在所有泥土上涂抹灰浆，把弯曲的河流变成僵直的水渠。 早在圆明园水体铺设防渗薄膜之前，中国城市已经完成了铺设防渗混凝土的浩大工程。

尽管权力美学不断面临强烈的批评，但它并没有停终止和反省的迹象。 权力意象在中国大地上繁殖扩散，甚至渗透到那些民不聊生的村落和小镇。

重庆忠县黄金镇所建造的办公楼群，翻开了中国建筑史的诡异一页。 这栋耗资五百万的宫式建筑，大胆克隆了天安门城楼，俨然后者的一个缩微镜像。"天安门"两层主楼雄踞于山腰之上，拥有红墙、黄色琉璃瓦和拱形大门，屋檐下挂着大型国徽（模仿人民大会堂），拱门黑色方形牌上写有镏金大字"大会堂。 依山而筑的台阶，共六层百余阶，以拱门为中轴线，两旁分列着对称的六幢房子，作"王"字形排列，而"天安门"主楼，就是"主"字上的一"点"。 按照字形学的传统解释，"主"字上部的一点，正是乌纱帽和王权的象征。② 所有这些符码都来自朱棣的世界。 在社会主义村镇叙事的尽头，竟然还出现了旧王朝思想残余的高大身影。

这种被帝国权力符码打造出的公共建筑，向我们炫示着权力和资本的存在，却大大超越了小镇本身的财政能力，与人民的幸

---

① 在这方面，上海人民广场有着较好的口碑，这是因为设计者用绿地分割了原先过于庞大的空间，并且安置座椅，放养白鸽，鼓励民众喂食并在这里放飞风筝，籍此叙写城市休闲的母题。

② 参见《外形酷似天安门?! 黄金镇政府举债建四百万办公楼》，重庆日报，2004年12月29日。《重庆黄金镇政府办公楼外形酷似天安门被调查》，南方周末，2005年1月27日。

福毫无关系。 黄金镇政府为了打造"形象工程",不惜竭泽而渔,挤占公共道路,继而强征村民土地,拒付征地补偿费。

这个小镇的民众年收入一千多元,只能依靠外出打工维系最低限度生活。 他们居住在光线黯淡的陋室,每天行走于泥泞的道路,而衣衫褴褛的孩子们,在简陋的屋棚里高声诵读着颂诗般的课文:"北京真美啊! 我们爱北京,我们爱祖国的首都!"①他们的生命像脆弱的烛火,闪烁在众官庆典的黄昏,成为权力美学的脆弱花边。

这种建筑权力美学并不仅仅是朱棣精神的复制,它还要全面引入另外一些的美学信念。 在纽约、伦敦、巴黎、悉尼、东京和首尔,资本主义已经推出了无数个现代化样本,它们是用钢铁和水泥打造的"通天塔",显示着国际资本的巨大权能。 这种发达资本主义的建筑样式刺激了官员,逼迫征服者把视野从原先的广度(水平扩张)转向了高度(垂直扩张)。

中国的城市现代化浪潮,从一开始就锁定了高度上的伟大语义。 在这种建筑物的崇高顶部,隐藏着严重的第三世界焦虑。那些精心仿造西方建筑的高楼,是各地政府的政治名片,用以证明其在"现代性"和"全球化"方面的伟大成就。 那些崇高的物体成了喻示政治崇高的代码。

北京最初要跟上海争夺第一高度,并在 2003 年公布了世界第一高楼的规划,但后来却理智地退出了角逐,因为它在广度上已经拥有无可辩驳的优势。 此举令上海稳坐中国最高城市的宝座。 上海在 20 世纪 90 年代掀起超高层建筑狂潮,短短数年之内,市中心就打造起三千幢十八层以上的高层建筑。 在浦东陆家嘴,除了现有的中国第一高楼金茂大厦之外,492 米的环球金

---

① 引自《北京》,《小学语文》(二年级上册),人民教育出版社 2000 年版。

融中心业已经破土，①旨在跟台北和吉隆坡争夺世界第一高楼的称号。权力美学第一次卷入了国际性的高度竞赛。官方媒体记者满含喜悦地报道说："上海长高了！"这随后变成小学生的作文命题，由此掀起了一场儿童书写运动，用以赞美权力美学的伟大成果，那些张贴在互联网上的作文，散发出权力崇拜的天真气息。②

权力美学的"空间算术"，要求计算权力的空间体量，并且尽可能在高度和广度上实施扩张；在另一方面，权力美学还拥有自己的"时间算术"，那就是追求城市发展的速度、变化和"日新月异"的惊奇效果。在转型时期，这种"时间算术"是各地城市建筑的美学指南。

"时间算术"是一个含义复杂的算法体系，它导源于行政官员的职务轮换与退休制度。这种权力的短暂性，引发了严重的职务焦虑，也决定了建筑的时间算术的高速法则。与皇帝的日晷（代表永恒的轮回）不同，官员的时间表犹如倒计时的秒表。每一任官员的在任时间是如此短促，以致他想要在自己任期内实现所有"规划"，就必须使用"高速"的模式。高速的美学原则就这样被打造起来，成为描述城市特征的核心尺度。

这种"时间算术"至少包含三种内在的矢量：第一，炽热的新国家主义信念，这曾经是那些廉洁而富有理想的官员的精神动力，但其中也隐含着对历史遗产的严重蔑视；第二，作为政绩考核指标，日新月异的城市成了权力爬升的阶梯；第三，权益分

---

① 这个高度充其量只能是亚洲第一和全球第二，因为美国新的世贸大楼设计，将把其高度拉升到541米的高度，令所有现存的和计划中的高层建筑相形见绌。

② 目前上海中心城区内环线以内中心城区的人口密度是东京的3倍，巴黎的1.74倍。但这种疯狂的高楼运动近年来得到了部分遏制，其原因在于北京和上海均发生严重的地面沉降，同时，大密度的聚居，在上海引发严重交通障碍和空气污染，在广州则形成严重的热岛效应。都市综合症已经深入膏肓。这些后果迫使地方政府开始放缓高楼建设的步伐。

配，在职位所能笼罩的范围内，尽其可能地推进权力寻租，在规划设计、土地批租、工程招标等程序上完成权力与资本的利益交易。 在所谓"美学"的称谓背后，叠加着政治、经济与权力的影子。

然而，无论使用怎样的"时间算术"，被高速法则推动的城市叙事，必然充满着残酷的颠覆和断裂。 它一方面急切地修订着城市的旧貌，促使其获得现代性嘴脸；另一方面，它藐视建筑的传统价值，拒绝文化的堆积与传承。 在大规模拆迁过程中，时间的暴力迸发出来，无情撕裂着历史的文脉，令城市改造沦为严重的文化自宫运动。 在"长高"了的新城脚下，践踏着旧城文明的尸体。 那份职位时间表，就是历史建筑的头号敌人。

在这样的"算法"支配下，大批珍贵的文物级老宅遭到灭顶之灾。 在北京，中南海旁侧的南池子胡同，在专家和媒体的抗议声中化为废墟；在上海，无数石库门住宅和工人新村被推土机夷为平地；在南京，中山陵附近（紫金山麓）的树林，面临大面积砍伐的厄运。 这些众所周知的个案，描绘了权力美学在摧毁文化遗产时的冷酷表情。

颠覆式的权力美学，是空间解放的力量，奋力开创着世界的全新面貌，但它却无视居民和老建筑的情感联系，无视人的生活经验与记忆，无视旧建筑与历史文明之间的表意关系，也无视人与自然的依存关系。"项羽逻辑"导致了中国历代建筑的彻底覆没。 在某种意义上，被拆毁就是中国建筑的本质。 而我们至今仍在接受这种叙事逻辑的统治。 它阻止我们在都市里寻找记忆的踪迹。

2004 年的盛夏，在正午阳光的照射下，位于南京东路上的上

海友谊商店①遭到拆除。 这幢大楼曾经是上海民众眺望西方文明
的唯一的橱窗。 在风格呆板的建筑物背后，留下了关于物质匮
乏年代的回忆。 这是 20 世纪人民记忆中最微妙的部分，包含着
整整一个时代的痛苦和欢愉。 而在它终结的地点，权力叙事义
无反顾地开始了新的长征。

---

① 上海友谊商店建于 1958 年，又作为"不宜保留的建筑"，被拆除于 2004 年，其理
由是与外滩天际轮廓线及外滩风貌保护区建筑整体风貌不协调。这是历史建筑保护中
发生"美学歧视"的一个范例。崇拜殖民地建筑和歧视新国家主义建筑，已经成为官员、
专家和民众的"共识"。但就历史保护的基本准则而言，"丑陋"和风格上的错位，根本不
能成为颠覆的理由。文化遗产没有美丑之分，因为遗产的保留并不仅仅是为了美学鉴
赏，更是为了留下历史的记忆。

高楼上的"顶戴"和"皇冠"

　　高楼顶部的"顶戴"，勾勒着中国都市现代建筑的鲜明面貌。 它起源于 20 世纪 90 年代初期的北京，而后成为上海、广州等大都市竞相模仿的样板。 从交通部办公楼、全国妇联办公楼、新大都饭店，三里河银行大楼，到现代风格的国家图书馆新馆和北京西客站，"人字巾"大屋顶和亭台楼阁在高层建筑上四处浮现，宛如国粹主义的海市蜃楼。 有些已在施工的重大建筑还要"奉旨加冕"，以汇入这个热烈的美学潮流。 现代化立面（墙面）和民族化屋顶的拼贴就此形成了尖锐的错位、分裂和对立。这场古怪的国粹化浪潮的结果是，北京留下了大批可笑的喜剧性景观。 那些比例失调的大屋顶和小亭子停栖在不同风格的建筑物上，仿佛是一些来自历史深处的不速之客，大肆嘲弄着这座中国首席城市的文化智商。

　　第二代顶戴工程修正了"穿西装戴瓜皮帽"的伪古典主义倾向，转而成为"穿西装戴礼帽"的新古典主义。 20 世纪 90 年代末期以来，几乎所有新式建筑都被加上皇冠式（一说"铜盆式"或"飞碟式"）的顶戴，以期与"人字巾"划清界线。 除了北京的东长安街，上海在这方面做出了最热烈的响应。 大批西式"顶戴"涌现在黄浦江两岸。 上海外滩中心，就是其中的一个杰作，它在现代几何的立面上加盖了一个金属结构的"皇冠"，成为浦西高层建筑的戏剧性标志。 这一美学转型解决了立面和顶部的风格性冲突，令上下两截彼此协调起来。 但它并未偏"帽子"路线，而是令摩天大楼的"顶戴"问题变得更加尖锐。

所有这些当代"顶戴"工程都是文化象征主义的产品，它主要呈现为三条路线：第一是在民族文化的拼贴过程中获得文化象征语义；第二是在对包浩斯主义以及后现代主义建筑的复制和模仿中获得文化象征的语义；第三是在对高度的苦恋中获得权力象征。 在寻求"标志性建筑"的同时，中国当代建筑已经大步流星地误入了歧途。

民族主义建筑思潮的渊源，在新中国成立之初就已莺歌初啼。 民族主义大顶当时就爬上了标志性建筑的顶部，向新中国发出豪迈的喊叫。 北京友谊宾馆、长春地质宫、重庆人民大会堂等琉璃瓦大屋顶，都旨在重现中国古代宫殿和庙宇的威严容貌。 而它的历史源泉不是别的，正是人们热烈颂扬的建筑大师梁思成。 梁率先把明清宫式建筑风格引入现代建筑，建构了现代国家的建筑语汇和语法。 这个被中国的积弱形象所激怒的杰出建筑师，从宫廷和寺庙建筑中找到了灵感。 于是，这种宫式建筑的复兴，为爱国知识份子描述了民族尊严的盛大幻象。

我们被迫面对一个无法回避的事实：梁思成就是这场延续了大半个世纪的国家象征主义建筑运动的奠基人。 他用古典宫式语法仿写了现代建筑的意识形态。 令它散发出经久不息的隐喻气味。 他倡导的结构理性主义最终转换成了国家权力的象征。

这种由梁思成奠定，后来受到众多建筑师拥戴的建筑美学运动，在中国各地产生了热烈的回响。"顶戴"工程不过是这种美学的延伸而已。 从制式（如斗拱）、形态（如祈年殿的圆形结构及其内部空间）、数字（如"九"的象征意味）、材料（如琉璃瓦）和色彩（如朱红色），诸多元素构筑着意识形态的象征体系。 而后，它变得日益庸俗，早期的抽象象征主义逐渐沦为更加媚俗的仿真象征主义。 到处是建筑造型的雕塑化、童年化和幼稚化景象。 外滩中心和浦东海关大楼顶部的仿真皇冠，看起来很像是迪斯尼乐园风格的造型，但它却表达了隐含在人欲望中的权力崇拜。 人民在视觉盛宴中尽情地消费了它，犹如消费掉一张激动人心的宣传画片。 他们在交头接耳地说道："看哪，那就是摩登上海！"这其实就是敬畏的一种质朴表达。 建筑业最大的敌人优雅地站到了我们的面前。

作为文化象征主义的的一种支派，"顶戴主义"的盛行最终只能是权力话语的一种转喻，它看起来酷似旧国家主义权力符码，从封建官僚的头顶转移到了高层建筑的顶部。 这种拟人化的权力修辞，为都市建筑提供了无穷的榜样。 那些结构上惊人相似的顶戴，或者在阳光下反射着黄金般的色泽，或者在星空下闪亮发光，标定着各个建筑之间以及它们同市民之间的关系：尊卑、高低、贵贱、新旧和美丑……城市建筑群落最终成了人间社会的一个硅酸盐投影。

没有什么比这种文化象征主义建筑更接近梁思成设计的那座纪念碑：它们唤醒了人们对权力的记忆，同时也瓦解了建筑自身的逻辑语义。

摩天大楼的阳具政治

人们通常以为，"9·11"事件对建筑业的最大贡献，就是宣判了"摩天大厦主义"的终结，然而建筑师的迟到的觉醒，并不能阻止"资本政客"的权力爬升狂想。 自从吉隆坡的佩重纳斯大厦高度达到了 452 米，美国芝加哥西尔斯大厦就只能以 9 米之差退居第二，而纽约 417 米的世界贸易中心大厦，则被上海金茂大厦以 3 米之差挤到了老四的地位。 亚洲人的权力野心已经昭然若揭。

继 20 世纪晚期的第一轮高度角逐（如香港中银和汇丰的所谓"风水"之争）之后，第二轮成本昂贵的高度竞赛业已启动。 北京、上海、广州、香港、台北（此外还有大连、青岛和厦门等二线城市）的多角权力角逐变得日益激烈。 香港正在构筑 480 米高的联合广场，上海环球金融中心的高度是 492 米，而台湾自行设计的台北金融中心大楼，则企图以 508 米而冠盖亚洲，但由于台北的高度中还包括 60 米高的天线，按国际上"建筑高度算到屋顶"惯例，上海环球金融中心仍然有望守住"亚洲第一高"的称号。

　　但上海显然未能跨越五百米的建筑语法极限。 长期以来，没有任何一个建筑能够逾越这个界线。 它是建筑师的最后苍穹，阻止着爬高运动的无限扩张，仿佛是神明确立的一个神秘戒律。 这就是我所说的"五百米定律"，它高傲地俯瞰着那些奋勇爬高的商人、建筑师以及工人们的低矮身影。

　　跟亚洲人的建筑劳动竞赛截然不同，本·拉登采取了恐怖的颠覆性手法来摧毁美国人苦心经营的景观政治。"9·11"事件成为人类历史上最狂野的高楼战争，他用两架民航飞机把美国首席摩天大楼化为废墟。 但这场高楼绞杀战的结果，竟然不是"大厦主义"的终结，而是从反面激发了它的复兴。

　　纽约显然无法容忍亚洲人的巴别塔野心。 它利用世贸重建的契机，大幅度拉开高度的差距，借此捍卫其建筑话语的世界霸权。 这是发生在隐喻和象征层面上的战争，它一举击碎了"五百米定律"，令其变成一个脆弱的昔日记录：由于美国"世贸中心"的重建，上海谋求"世界第一"的梦想似乎已被碾碎，世贸大厦的复原设计，延续垄断资本主义时代的大厦主义精神，大步跨越"五百米定律"极限，要在世贸遗址上修建高达541米的尖顶摩天大厦。 美国将借此收复"世界第一高度"的称号，重建高度的世界霸权。

　　这是人类遗传基因中"巴别塔情结"的一种历史闪现。 根据《旧约·创世纪》记载，巴比伦人曾经宣布："我们要建造一座城和一座塔，塔顶通天，为要传扬我们的名，免得我们分散在全地上。"这个简短的政治声明显示，高楼建造从一开始就是权力的物化象征，它的功能首先是建立与上帝相等的霸权（"塔顶通天"），其次是打造政治威名（"传扬我们的名"），最后是实现国家集权（"免得我们分散在全地上"）。 这也明晰地阐释了超高建筑的三大内在政治逻辑。 我们看到，美国的伊拉克战争无疑是那场遥远的历史记忆的延续：它要彻底终结萨达姆的"造塔"野心。

垄断资本主义时代的"大厦主义"无疑延续了这种建立威权的欲望。 把一个庞大的建筑物变成世界的轴心，实现人力、财力和物力的高度垄断。 纽约世贸大厦把资本及其代言人收纳和压缩到了一个长长的矩形或锥形物体里，令其散发出金融（资讯）集权主义的威严气息。 不仅如此，它还是一种对高度的尖锐征服。 它以勃起的阳具的姿态冒犯着无辜的天空。 建筑的性别政治就这样塑造了都市的内在灵魂。

在高楼角逐的世界性进程中，上海的表现是异乎寻常的：它为自己订制了大批钢筋水泥阳具，20 层以上的高层建筑达 2400 多幢，其数量已经跃踞亚洲第一。 这显然与它急于摆脱其都市阴性形象密切有关。

长期以来，上海作为一个女性化城市，和淫雨、丝绸、棉布、女人和越剧的长江三角洲捆绑在一起。 这种阴性化特征成为其进入 WTO 的地缘政治学障碍。 阴柔的城市哲学是受虐、被动、忍耐和内敛的，不足以用来书写一个完整的威权形象，并有可能令其丧失在国际市场中的竞争优势。 大批新生的高层建筑改造了景观政治的属性，令其在外表上散发出浓烈的资本荷尔蒙的阳性气味。 这场大规模的建筑物变性手术，不仅向游客提供了一个现代化的阳具布景，而且可能有助于改造人们的气质，把他们变成更富于自信和进取心的国际化居民。 无论这种手术的最终结果如何，隐形的摩天大楼的性别政治语法，都已古怪地改写了中国都市现代化的进程。

摩天大楼的阳具政治

在上海，起源于20世纪八九十年代的城市美化运动仍在如火如荼地进行。 但从黄浦江上观察两岸将不难发现，东方明珠、国际会展中心、金茂大厦等构成的浦东高楼宛如婴儿头上的稀疏毛发，尚未衔接成基本的建筑轮廓线，而浦西外滩建筑构成的优美轮廓，也就是那个"历史文化遗产"的视觉主体，却已经遭到了瓦解。 那些无序耸立的西部超高楼宇，尖锐地刺破外滩楼群的边际线条，把它变成了一团"乱麻"。 作为城市第一景观的外滩，正在面对严酷的美学打击。

摩天大厦的大面积崛起，无疑是高楼崇拜的直接后果。 在对建筑高度的夸耀中，凝聚着强烈的欲望。 这种欲望还渗入了高楼顶部的设计程序。 上海和北京的许多高楼都拥有古怪的圆形"帽子"。 从北京流行的琉璃瓦人字巾帽，到如今京沪两地同时兴起的冠状顶盖，高楼戴帽运动可谓方兴未艾。 但千篇一律的"帽子"切断了楼体立面的连续性，令都市景观变得滑稽可笑起来。 它们完全违背了建筑美学的内在逻辑，并制造出新的视觉公害。

　　上海到处分布着此类耗资巨大的"遗憾的艺术"。 而正在努力成为"世界都市"的上海，却已面对世博会和国际化的严峻挑战。 北京目前已拥有了某些精彩的建筑方案，其中受到激赏的是国家体育馆"鸟巢"方案，若是加上库哈斯的央视大楼方案和保罗·安德鲁的国家大剧院方案，便形成了标志性建筑的三位一体，它们势必成为北京超越上海的"秘密武器"。 与此相反的是，上海至今仍在"高度情结"中徘徊，热衷于夺取全球第一高楼的名声，并未从建筑想象力、造型独特性以及跟历史文脉的有机衔接入手，去构筑 21 世纪建筑的宏大格局。 若不尽快调整都市视觉战略，走出这一理念误区，上海仅剩的那些景观优势，也将丧失殆尽。

　　作为都市历史文脉的四大旧式民居建筑体系，正在遭到现代化运动的摧毁。 它们分别是：以上海老西门为核心的晚清建筑群（这部分早已荡然无存）、石库门建筑群、工人新村建筑群和原租界洋房建筑群。 其中，除了洋房尚有一些"存留价值"，而石库门则在"新天地"的虚假语境中得到"重生"外，另两类民居都面临被彻底清除的厄运。 混凝土运动开始了自相残杀的进程。 以曹杨一村为代表的工人新村所受的歧视尤为严重。 它们竟然被视作文化丑陋的象征。 但作为城市的意识形态记忆，它有权得到与其他建筑群相同的"庇护权"。 至少，它的部分建筑应当以"旧居"或"博物馆"的形式得以"超生"。

　　作为政治乌托邦建筑，工人新村的繁华只有二十年不到的光阴，随着"文革"的到来，新村开始受纳大批居住困难户，从而变得跟石库门一样拥挤不堪，最终和所有的住宅一样，跻身于都市贫民窟的行列。 工人新村风化成了贫民大杂院，在社会变革的风雨中飘摇和零落。

　　作为工人新村早期样板的曹杨一村，其现实际遇已受到媒体的热烈关注。 这个以工人新村冠名，以外来流动人口和产业工人后代为主体的建筑群，正在面临拆除还是保存的两难困境。而在我看来，无论它是否能充当20世纪上海的标志性民居，毕竟曾经主导过五六十年代上海的建筑意识形态，成为国家主义的理想生活样板，并照亮了大跃进时代的社会主义工业化前景。它几乎是那个历史时期最典范的水泥见证。在早期工人新村被大批拆除的今天，保留曹杨一村作为都市历史的文脉，已经迫在眉睫。

目前流行的怀旧主义思潮，热衷于保存和还原旧时代的建筑，似乎只有1949年以前的建筑或者朱家角之类的乡村遗物，才具有文化价值。这是一个极其可笑的谬误。在城市改造运动中，正是这种谬误导致了工人新村的大面积消失。如果不作挽救努力，那么曹杨一村的死亡，将变得不可避免。

不妨把曹杨一村改建成博物馆式的村落，每一套单元就是一个主题展室，还原和重现当时人们生活起居的场景，他们使用的器物、服饰、书信、日记，他们的留影和声音，他们的生活方式和信仰……除了规范的展室，还可以考虑开放少数居民的家庭，以真人秀的方式向人们传达一种源自五十年代的生活样式。在新村内的道路两边，除了大幅政治标语，游客还可以访问五十年代的烟纸店里、理发室、老虎灶和绸布店，并从那里购买当时的日用品和享受一种旧式服务的风情，等等。否则，再过五十年，我们的后人将不得不制造大批假古董来祭奠那段令人感怀的历史。

另一个必须指出的建筑弊政是，目前各地展开的都市美化运动，不仅填平了大量小型河道和池塘，而且还要修改那些曲折而富于变化的自然河岸，把它们拉直，再用丑陋的水泥加以固化，将其改造成一些线条僵硬的人工水渠，穿插在更加硬化的都市地块之间，完全丧失了泥土和植被的天然趣味。城市河流的这种全面"渠化"，不仅破坏了景观的曲折优美，而且也破坏了生态型泥岸本有的泄洪功能。 所谓的"亲水"运动，其实不过是一场"亲水泥"运动而已。 混凝土阻拦了我们和自然水系的历史联系，把它变成了一场虚情假意的都市蜜月。 苏州河早已如此，而淀浦河的大部分河段，同样悲惨地面对着渠化手术。

作为城市建筑主要环衬的大型乔木，也无可避免地卷入了被砍伐、削除和替换的命运。 为了打开道路两边混凝土建筑的视觉空间，20 世纪 90 年代初期的淮海路改造工程、外滩改造工程和南京东路步行街工程，都把清除高大乔木作为重要目标。 除了淮海路的梧桐树后来得以补种之外，外滩和南京东路至今都是纯粹的水泥世界，只有少量小型盆栽树木和草皮作为点缀，在夏季，整个道路完全裸露在酷热的阳光下。 房地产商构筑的各种建筑小区，也大都断绝了大型乔木和民居的亲密关系。 那些树龄悠久的乔木被移栽到一些新兴的街边绿地，但它们已失去生长了数十年的繁茂枝叶，被光裸而僵硬地插入大地，仿佛是一些毫无生气的木桩。

对泥土的敌意和轻蔑，和对高大乔木的排斥一样，起源于一种"反面的乡村记忆"，而这正是第三世界现代化进程中最危险的信念。 城市化等同于混凝土化，这个理念已经成为决策者乃至普通市民的基本信条。 为了寻求所谓"现代感"，以上海、北京和广州为先锋，整个中国都加入了城建的混凝土暴政。 除了被少数长得很像塑料的人工草地覆盖的土地，几乎所有的泥土都已被水泥所囚禁。 灰色混凝土层阻隔了人与自然的联系，令城市面容变得僵硬和冷漠起来。 不仅如此，大都市的这种混凝土运动还具有普遍示范意义，它们向中小城市提供了有害的样本，令都市硬化危机在各地广泛蔓延。

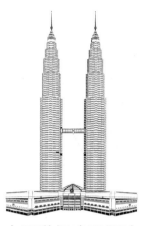

十里洋场咏叹调动

　　在发生过来自上海衡山路的第一声尖叫之后，许多蝴蝶都在预谋发出类似的尖叫。一个真假难辨的叫春的年代已经降临，对此我将洗耳恭听。

情欲在上海尖叫

经过近长达四十多年的政治严肃时代，上海正在重新成为中国乃至远东最大的情欲超级市场，这个事实令许多上海知识界人士感到欢欣鼓舞。卫慧用她的"尖叫"报导了都市情欲的复活和高涨，从而令上海再次成为国际市场关注的焦点。

"蝴蝶"是一个全球化的隐喻。在梁山伯和祝英台故事和希腊神话里，蝴蝶的语义都只有一个，那就是情欲本身。卫慧的"蝴蝶"的"尖叫"表明，情欲通过一个上海女人的喉咙，已经发出了尖锐、性感、亢奋、势不可挡的喊声。

我们总是按照既定的情欲地理学原则去观察上海——这个中国情欲地图上的女臀，也就是把外滩作为上海的主要性感带或外阴部 来加以评论（上海的另外两个传统性感带是淮海路与衡山路）。十年以来，在外滩四周发生了巨大变化，其中最重要的变化包括：出现了两条阳具（带有一个巨大睾丸的东方明珠电视塔和造型上更加单纯的金茂大厦）以及一大堆类似阴毛的建筑群落，而上海民众及外地游客们均经竞相爬上阳具的顶部，以便能眺望所有那些著名性感带的伟大风貌。

是的，作为最著名的外阴口，外滩这个"中心"在八年前已完成了拓宽工程。另外两个"基点"之一的淮海路（霞飞路）经过改造，也大致恢复了旧时代"东方香榭里舍"的旖旎风情；衡山路则云集了各种西方情调的酒吧，成为小资制造情欲和精神自慰的秘室。在市场经济伟哥的催动下，一些新的性感带正在崛起，如浦东大道、南京东路步行街和徐家汇等。这些变化令各个性感带开始在情欲地图上互相衔接起来，并且更利于被人们观淫或抚摸。

在远东地区，只有上海具备了发展情欲超级市场的两大基本元素：庞大的人口（尤其是女人）和发达的阴性文化。但在过去很长一个时期，上海的情欲一直被限定于臭气熏天的菜市场。每天清晨，蓬头垢面的女人和小家碧玉的男人们在这里相会，在腐菜和烂鱼的气味中采购着春天，又在无耻的讨价还价中完成日常意淫。这种琐碎的操作维护了情欲的最低消费。

在开放的时代，上海情欲终于卷土重来，实现了全面复辟，并在每一个阶层都得到了热烈响应。余秋雨和陈逸飞的小布尔乔亚式的怀旧化情欲、卫慧的都市白领的摩登化情欲、小市民的麻将化情欲、民工的粗鄙化情欲、商人的货币化情欲，所有这些情欲组成了罕见的情欲共同体，参与到市场消费的浩大洪流之中。

对上海历史的简单回顾，显然有助于我们理解这个重要新闻事件的发生。上海所处的长江三角洲，正是中世纪女性化情欲最著名的温床，它展示了从"梁山伯祝英台"专案到"白蛇传"事件的缠绵的情欲传统。越剧和黄梅戏大肆赞助了这种柔软的情欲美学，令它成为近代市民阶层的主要灵魂向导。旧上海的情欲曾经达到过一个非凡的高潮。这是由那些美貌多情的江南女子创造的奇迹。尽管张恨水和鸳鸯蝴蝶派的小说、徐志摩的诗歌，以及穆时英、刘呐鸥、邵洵美和叶灵凤的现代主义小说都汹涌地言说了情欲，但唯有小女子张爱玲的出场，才将旧上海的情欲推向"欲仙欲死"的高潮。 只有一个理由可以解释这种古怪的景观，那就是上海某种强烈的女阴特征。 正如陕西是产生男性情欲的历史悠久的温床，而贾平凹是这类话语代言人一样。毫无疑问，只有女人才是上海情欲话语最合适的代言人。

越过上海的中古和近现代情欲史，我们可以观察到一些伟大的女性代言人。 耐人寻味的是，她们居然同时扮演着烟花女子和国家话语发布者的双重角色。

江南从来就是中国历史上最大的烟花柳巷，这一传统得到了良好的延续。 直至清末和民国初年，整个上海及其周边地区仍然妓院林立，展示着远东最大色情消费市场的伟大风貌。

在这个情欲硅谷中诞生了一些声名显赫的尤物。 明末"爱国"名妓柳如是和金陵歌妓董小宛，是两个楚楚动人的风尘先驱；而后，上海青楼"四大状元"之一的赛金花成了其中最令人销魂的一个，她对于八国联军司令瓦德西的床帏劝诫，以及她与维多利亚女王和德国皇后在社交场上周旋的"雍容华贵"的姿态，很令国人感到"扬眉吐气"，从此成为帝国末世的救国英雄；而在上海成材的扬州雏妓张玉良是一个更为典雅的寓言，她的裸体自画像在巴黎获奖，成为画布爱国主义的又一范例。 上海妓女总是在用身体大义凛然地表述着国家真理。

然而，在所有的上海（江南）名妓中，只有张玉良真正实现了身体话语的伟大转换：从一件情欲市场的简单货品，变成了一个利用身体话语进行视觉宣读的"艺术家"。 张玉良的裸体自画像《裸女》充满了对肉体的无限怜惜，这种怜惜达到了如此的深度，以至她必须大面积修改自己的丑陋容貌，以展示她的另外一个更加"真实"的肉体镜像。 但她讴歌肉体的行动，却为上海情欲开辟了一条全新的道路。 从此，上海"吃文学饭"或"吃艺术饭"的人，都聚集到了用身体话语言说情欲的伟大旗帜的下面。

这是情欲在新世纪里最重要的五大变化之一。 在情欲解放区和"大翻身"的年代，张爱玲旗袍的胸襟和下摆均已遭到了撕裂，文学正在进一步放肆地肉体化和感官化。 卫慧的身体美学宣言《上海宝贝》，从头到尾散发着口红、亵衣和女性生殖器的狂欢气息，所有的皮肤和器官都在其间举行热烈的话语庆典和游行，向公众炫耀着那个时代女性肉身的魅力，而灵魂则退化为一件披挂在身体之外的风衣。 其中一个名叫"马当娜"的女人，隐喻了那个西方身体解放运动女圣徒，后者像一盏指路明灯，照亮着上海旗手的奋勇当先的身影。 而在卫慧的附近，一干"美女"战士都在争先恐后。 这种肉身化情欲大爆炸的景象，重新确立了上海作为头号情欲市场的龙头地位。

是的，上海情欲的市场化和消费化，就是它的第二种重大转折。 旧时代的布尔乔亚式的面纱被揭去之后，超级市场的气味变得越来越浓烈。 精明的女人像兜售内裤一样兜售着身体的"自传"，期待着文化嫖客的光顾。 情欲的无偿奉献时代早已一去不返，情欲经济开始发达，人民币和美元操纵了情欲市场行情的涨落，而且它的市场价格正在随着贪婪指数的猛升而日益高涨，并因此制造出了大批情欲资本家，也就是那些用身体资源交换男人资源而成为富姐或富婆的阶层。

几乎所有的评论家都注意到了卫慧小说的一个基本立场：一方面炫耀着女主人公的性经验和性机能，一方面讴歌西方阳具的伟大性。 这种对中国男性买家的轻蔑，暴露了商业时代的国际特点：新兴的中国情欲不仅要彻底摆脱黑市经济学的枷锁，而且正在广泛寻找出口渠道，以期加入"世贸"的伟大行列。 和所有中国产品一样，它亟需在西方市场范围内找到更大的买家。 克林顿与莱温斯基的办公室演出，显示了情欲在全球消费市场中的隆重地位。

情欲的摩登化，是它的第三个重要变化。 摩登的都市景观和现代化物质时尚，成为情欲大爆炸的最重要的语境之一。 这些摩登场景既是当代情欲从中诞生的摇篮，也是情欲用以演出的布景。 阳具化的摩天大楼、意大利咖啡、美国轿车和法国香水，构成了虚张声势的现代化符码碎片，拼贴成一个情欲在其间骚动的舞台。 这种情欲的摩登化起始于穆时英和张爱玲等人的小说，却在卫慧的小说中走向极致，呈现出与保守的贾平凹式的男性情欲截然不同的面貌。 在我看来，这很像是中国情欲走向全球化的一场纸上预演。 为了自我推销，最原始的情欲渴望获得一个时尚的前卫包装。

情欲的第四个变化是，它现在终于拥有了自我传播和张扬的权柄。 没有任何一个时代的女人像今天一样肆无忌惮地放送着自己的身体隐私，并且越来越擅长用身体作秀和进行新闻策划，用情欲话语的每一种变化来制造"卖点"，以争夺公众的宠爱。 这其实就是市场推广原则的显现。 卫慧无疑是情欲营销学和情欲广告学方面的专家。 有报道称，早在学生时代的戏剧表演和作品朗诵中，卫慧就已经发出蝴蝶式的"尖叫"，这可以被视作是身体解放运动的第一声啼鸣。 而后，上海的弄堂就到处响彻了情欲的欢叫。

借助海外出版商和数码网络，上海情欲的声音在世界范围内引发了经久不息的回响。 但人们已经发现，《上海宝贝》充满矫情的性谎言。 虚荣的卖弄、浮华的炫耀、夸张的细节、对于上海都市摩登事物的狂热崇拜、浅薄的时尚趣味，各种劣质的床帏噱头、道听途说的生命体验，加上每一章前面的那些西方名人格言，如此众多的粉彩，拼贴成了一个脆弱的脂粉话语格局。 尽管卫慧在其后的几部小说中调整了这种大惊小怪的话语姿态，但仍旧不能消除它们的内在的虚假气味。 这情形就像衡山路上的欧洲情调的酒吧，所有的布景和道具都只是一堆文化代用品和幻象，或者说是没有灵魂的物体空壳，闪烁着赝品的光泽。

在中国文学的性革命现场，到处散布着这类假模假式的性神话谎言，这就是情欲的第五个变化，也许还是最值得我们探究的变化。 早在 20 世纪 90 年代，中国就已经向情欲谎言转移。 报纸编辑、电台和电视台的主持人，利用煽动情欲来吸引公众，提高发行量或收视率。 而上海主持人由于擅长"发嗲"，成了国家情欲的最受欢迎的代言人。

然而，中国情欲并未因此获得健康的生长，而是遭到了谎言的替代，从而变得更加虚伪和无耻。 人文情感崩溃了，剩下的只是一堆赤裸裸的欲望、性和货币。 毫无疑问，只有大量的伪造的情欲，才能维系这种庞大市场，为急速膨胀的情欲消费提供保障。 而为了迎接这种情欲经济的全球化挑战，在发生过来自上海衡山路的第一声尖叫之后，许多"蝴蝶"都在预谋发出类似的尖叫。 一个真假难辨的叫春的年代已经降临，对此我将洗耳恭听。

外滩的性格分裂

上海外滩是远东大陆最美妙的入口之一，被东南季风和酷烈的西伯利亚寒风所交替地占领，潮湿而又温暖。 摩天大楼聚集成了一面巨大的墙垣，表达着制止、停止、新秩序和主权的转喻。 外滩是外来文化为自己建造了庞大的客厅，它要在这里有秩序地款待自己。

黄浦江西部沿岸的风景，有着曲折而迷人的建筑轮廓线，同时也展露着近代工业化的繁华图景：无数塔吊和行吊、造船厂的船坞、挂着万国旗彩旗的洋轮、暗灰色的老式军舰和笨拙的拖轮……。 从20世纪90年代开始，夜晚的外滩重新成为瑰丽的风景。 泛光灯的照明把上海再度变成了一个巨大布景，停栖在激动人心的河岸，上演着思想和文化的盛大戏剧。

水、岸、灯和高楼，这四大元素组合成了外滩神话的主体。它的地标过去是海关大楼，以后被东方明珠电视塔夺走，现在是金茂大厦，而最终则将属于国际金融中心。 地标的这种不断东移显示了上海权力中心的戏剧性东进。 浦东的新外滩成了威权的最新前线，而外滩西岸则成为情欲的优雅沙龙。

上海的旧式情欲带包括南京路、淮海路和衡山路等。 而外滩是其中最引人注目的一条。 它的在情欲地理学上的显著地位，完全取决于它和黄浦江的亲昵关系。"文革"时期，它的长达一公里的丑陋的水泥栏杆边，曾经站满了上千对喃喃对语的情侣。 他们彼此摩肩擦踵，犹如一个漫长的爱情链索，整齐地排列在发臭的黄浦江水岸，从外滩公园一直延伸到气象信号台。 在寒湿的冬季之夜，情侣们在单薄的军装底下战栗，幸福地眼望混浊的江景，抗拒着尖锐彻骨的寒意。 他们呼出的气团和他们散发的情欲气息一起，污染了红色的滩头。

外滩的风格是高度精神分裂的，同时兼具着情欲和权力的双重语义。 不仅如此，它正在世界欲望的深化中扩大这种分裂。在 20 世纪 90 年代初期的外滩改造过程中，上百株粗大的法国梧桐被全部移走，无数彩色地砖覆盖了观景台，仅剩下少数稀疏的小型植株和浅平的草皮。 水泥的霸权变得惊心动魄起来。 此后，观景台下部补种了一批树木，但马路对面的"左岸"地带，也就是旧上海建筑带的人行道，却保持了长久的光裸。 直到 2004 年才种植了一些幼嫩的树苗。 它们的低矮和细弱，与拥有百年历史的高大建筑构成了可笑的对比。

滥用混凝土是第三世界的疾病特征，其中包含着对现代性的最大误解。 外滩和淮海路一样经历了这种反生态灾难。 拔光所有行道树后的淮海路，在整个炎热的夏季里失去了顾客，后来又赶紧补种树木以招回游人。 外滩改造工程重蹈覆辙，在中山东路西侧拔光了所有树木（后来才补种了一些弱小可笑的树苗），再次延续了这种可笑的水泥美学。

在外滩主义的逻辑中，树木是对威权的挑战。 它是一种令人生厌的视觉障碍，横亘在民众和膜拜物之间，阻止了人们向高楼大厦的瞻仰与膜拜。 不仅如此，树木造成的思想意识不安还有着更深的原因，它起源于工业对农业和自然的深切敌意。

　　这就是外滩的永恒的精神焦虑。 河岸的苦闷固化在光裸而坚硬的水泥里，犹如一场生态噩梦。 游客在这里喜悦地流连，被从观景台到摩天大楼的混凝土建筑所感动。 浮华的泛光灯加强了水泥美学的这种属性。 人们的情欲在幻象里生长，并融进了"现代性"的瑰丽神话图景，全然不顾其间发生的内在精神分裂。

南京路的歌舞霓虹

上海南京路是近现代中国情欲地图的一个原点。它起源于一场激烈的赌博：外国人在田野中举行冒险的博弈游戏，从中践踏出一条最原始的"马路"，并在此基础上扩建成了大型跑马场。他们天生就是赌徒，他们是南京路上最初的移民，他们在赛马场上发出的吼叫，成了萦绕在"马路"上的最初的"叫春"。

赌徒的欲望（赌欲）引发了物欲的泛滥。赌博业带来游乐者、商贩和繁华的消费市场，赌徒的事业随即转型为有序的购物经济。大量商铺和百货公司涌现了，各种最摩登的物品出现在浮华的橱窗里，仿佛是全世界新奇事物的博览，永安、先施、新新和大新等四大百货公司相继诞生，20世纪前叶的全盛时期，南京路竟然拥有四百多家店铺和百余万游客。①

商品广告业是购物市场的必然后果。而它需要借助情欲来完成市场推销的使命。物欲和情欲的结盟是商业广告模式"月

---

① 关于南京路的史实，可参阅常青主编：《大都会从这里开始——上海南京路外滩段研究》，同济大学出版社 2005 年版，以及上海市历史博物馆编：《走在历史的记忆里——南京路 1840′s–1950s》，上海科学技术出版社 2000 年版。

份牌"诞生的最高秘密。 由于月份牌的出现，情欲堂皇地进驻了南京路和整个上海滩，成为它的隐形主宰。

在月份牌的绘制方面，苏州桃花坊画师周慕桥率先打开了书写舞女和名媛的道路。 但他木版年画与国画工笔的混合技法，只能提供比较僵硬的样式，难以再现上海女人身体的微妙质感。只有郑曼陀创造的擦笔水彩画技法解决了这个难点。 郑用炭精粉揉擦出素描形体，然后用水彩加以敷色。 半透明的水彩焕发了视觉上的凸凹感，令细腻娇嫩的肌肤在纸质的平面上花朵般绽放，身体内部的渴望变得呼之欲出。 正是这种"嗲法绘画"重塑了上海女人的身体，并且把有关情欲的书写推向了高潮。 南京路上的美术书写就这样改造了都市的灵魂。[①]

月份牌广告为情欲打开了进驻南京路的道路。 我们已经看到了这种从赌欲、物欲到情欲的历史性推进：情欲被温存地附加在商品之上，成为一种奇特的肉身意识形态，然后被强加给消费者。 这一市场营销谋略最终塑造了南京路。 舞女开始大规模涌入南京路，改变了购物区的物质本性，令它呈现为一种更加性感的容貌。 舞女们裹在旗袍里的窈窕身姿，与高大的英格兰纯种马一样，成了南京路上的迷人风景。 20世纪30年代中期，国民党政府取缔妓院，迫使大批无路可走的春姑改行当了舞女，交谊舞行业变得更加繁华。 南京路及其周边区域舞厅林立，到处夜夜笙歌，香汗淋漓。 女人的脂粉、口红和高跟鞋成为最广泛的符码，闪现在情欲勃发的南京路上，被炫目的霓虹灯所照亮。 这种迷幻灯具的出场，完成了对上海南京路情欲本性的最后塑造。

正如茅盾在小说《子夜》里所描述的那样，从煤气灯到霓虹灯的照明模式转型，是南京路对农民意识形态最激烈的打击。地主吴老太爷的乡村美学和儒教伦理，受了霓虹灯的惊吓，突然

---

① 邓明、高艳编著：《老月份牌年画》，上海画报出版社 2003 年版。

崩瘫在情欲闪烁的现场。

对南京路的读解还有一个截然不同的版本，那就是白先勇在小说《永远的尹雪艳》中表露的巨大恐惧。来自南京路"百乐门"的红舞女是不朽的，她在岁月的打磨中竟然能够永远年轻美丽，而其四周的男人却先后死去，仿佛被她吸干了精血。这是有关的南京路的反面神话，它旨在传达一个男同志对于寄生性女人的巨大惊骇。

白先勇的"尹雪艳叙事"触及了一个有关南京路性别的敏感问题。它指证了这条马路的阴性特征。南京路最初是男性赌徒的天堂，而最终竟在物化的过程中日趋女性化，并于20世纪三四十年代完成了性别转换的程序。它成为上海女人的象征，表达着女人所独有的欲望，也即用柔软情欲包装起来的物欲，其间隐藏着贪婪而不动声色的吸取机能。这是一种非常奇怪的身份确认和性别指控：南京路、舞场、舞女、贪欲、寄生、男人的死亡……这个语义链揭示了男人悲剧的地理学根源。上海南京路承受着男人的生命之重。

南京路也是"橱窗政治"的最大地理载体，被用来向外省游客炫耀经济繁华和政治正确。各种语义的叠加使它变得暧昧起来。它既是西方资本主义的橱窗，又是本土社会主义的客厅；既是市场消费的前线，又是政治训诫的课堂；既是纵欲主义的天堂，又是禁欲主义的戒毒所；既是外省游客的朝拜圣地，又是本地政府的形象公告。就在这种语义鸡尾酒的调制中，南京路完成了自身的意识形态界定。

衡山路的文化碎片

　　以衡山路为轴心的情调消费区是中国人建构"西方想象"的最大舞台。 它是用一大堆建筑符号拼贴起来的消费神话，展开于上海城市中心的西端，接受游客（本土白领和西方游人）的消费性书写。 在上海情欲地图中，它是最富于神秘性的地带，为参天的法国梧桐所覆盖，两边是各种西班牙式住宅：雕塑般的烟囱，拱形的阳台，被爬山虎掩蔽的小窗，月季、棕榈和夹竹桃的花园，涂满黑色防水柏油的竹篱……。 它在宁馨而幽暗的光线中没落下去，却依然度过了漫长岁月，直到它被全球化的消费主义击碎为止。

　　衡山路的法国风格是由租界的权力分配决定的。 这条曾经以法国元帅贝当命名的路，是法国人留下的趣味遗产，并因此成为上海租界中最有情调的地区。 它起迄于淮海路和徐家汇之间，也就是从一个最著名的情欲带通向天主教的圣地。 这种地理向度确立了它的意识形态语义，其中包含着从日常情欲到终极关怀的全部诗性。 它和南京路截然不同之处在于它还是一个文化的出品地，拥有一个远东最大的唱片工厂，一座宋庆龄时常光顾的大屋顶基督堂，一座风格古朴的酒店，以及一些趣味优雅的候补中产阶级居民。①

衡山路由文化向商业的转型，是从 20 世纪 80 年代开始，在 20 世纪 90 年代后期完成。它由一个远东的法租界开始，最终走向了其自身的反面，成为中国人（上海人）展开情调消费的想象性基地。它由当地政府、经销商、设计师和顾客之手所共同打造。所有的设计蓝图都来自那些装饰杂志、设计书籍、电影影像，以及对旧日的记忆和幻想。它被称为上海最大的酒吧街，但其语义早已溢出了酒吧的领域，成为所谓"豪华消费空间"的圣地。

用新的语法对原法租界旧建筑加以改造和装修，这使得那些新消费符号被悄然叠加在旧法租界的语义上，并由此产生了迷人的神话效应，似乎一个真实的西方飞地已经在远东呈现，它包括德国酒吧、英国酒吧、法国酒吧、北欧风情酒吧和名为"时光倒流"之类的怀旧风格的咖啡吧。路人经过那里时，总能听见酒吧内隐然传出的乐声。那些文化假面舞会似乎早已粉墨登场。

与北京三里屯和什刹海的美国派强悍风格截然不同，衡山路属于柔软浪漫的一类，散发着法国香水、埃及香烟和罗宋面包的香气。前法租界身份和与领馆区毗邻的事实，加深了它所引发的文化幻觉——

    远远望过去，SASHA 吧就像一座乡间的城堡，棕红的木栅栏、粗砺的墙，灯光却像雪片一样，轻轻洒落。MANDY'S 软绵绵的草坪上，一只细得让人心醉的手正轻轻拖起一只高脚酒杯，金色的液体、金色的光泽，那瓷器般的脸庞上目光迷离。……从围墙、铸铁围栏和阳台中可以隐约嗅到衡山路深

---

① 上海旅游局编：《上海衡山路》，上海人民美术出版社 2007 年版。

处的气息。每一个门背后都有一个巨大的世界。

这些来自互联网的文字，大约出自无名的小资写手，却优美地叙写了一个上海人的"西方想象"。那个遭到两个时代叠加式书写的"孤岛"，是情欲、道具（布景碎片）和文化想象的三位一体，构筑着昂贵的符号狂欢。尽管我们早已经看到，从啤酒到酒盅，从咖啡到茶具，从马灯到音乐，文化碎片的诸多虚假性像空气一样弥漫于整条衡山路。但这种穿帮的虚假性却没有引发本土消费者的反感，因为它和旧法租界的景观发生了欺骗性融合。法租界遗产拯救了衡山路，削弱了它在当今涌现的虚假语义。

耐人寻味的是，这种虚假性未受指责的原因还在于，它完全符合中国消费者的精神需求。就其本质而言，消费者并不在乎话语的虚假，恰恰相反，正是这种虚假性呼应了消费者的白领主义虚荣（只有那些海外归来者才会抱怨它的虚假，抱怨其从西式菜肴到咖啡的种种伪劣性），甚至它的昂贵价格都充满了可笑的欺骗性。衡山路制造了一个高消费的幻象，并且把它变成了一个严肃的公共交易契约。只有第三世界才会把西方最寻常的日常消费品变成奢侈品，以期在价格上获得征服的快感与尊严。

这幅空虚的图景，企图改造没有精神意义的世俗生活本质，用时尚替代内在精神性，令其散发出物质性的盛大光辉。在对巴洛克风格的家具、伊丽莎白女王时代的瓷器和旧式马灯的瑰集、缅怀、占有和消费中获得了满足。那些旧上海时期老照片和月份牌，加剧了这种柔软的快感。在老牌资产阶级的花园与客厅里，新兴白领的眼泪和激情在悄然升华，慢动作地奔向优雅生活的梦想。

衡山路演剧是所有时尚仪式中最令人心仪的一种，它是物质渴望向精神渴望飞跃的临界点，紧张地构筑着欲望的内心幻象，却并未越出中产阶级趣味的城池。 上海小资代言人王唯铭声称，衡山路酒吧的消费者"更在意的是自己的越轨者情感"。 如果这种判断是正确的，那么它在制造了"西方想象"之外，还制造了想象的反叛。 这无疑是一种最安全的思想反叛，基于文化酒精的作用，消费者在此可以发出"情欲的尖叫"，但它最终只是候补中产阶级份子的呻吟而已，他们的生命激情很快就会融解在消费典礼的欢乐之中。 正是这种有限的反叛书写了衡山路的"伪自由书"，令它呈现为一个暧昧的现代容貌。

淮海路的肉身战争

　　淮海路①，一条宽度为六十英尺的上海街道，远东的著名地标，从 1849 年法租界成立，到 1949 年被新中国接管，它向法国方向延伸了五千多米。 这是一种何等缓慢的爬行，越过两次世界战争和前冷战时代，长达百年之久，其上布满大量彼此对抗的肉身符号。

　　不妨让我们简约地回顾一下历史。 1800 年清明的早晨，正是桃花盛开的时节，一条运送棺材的驳船从四明公所前的小河起锚，悄然驶向附近的转驳码头。 棺材将在那里被抬上更大的帆船。 码头上没有多少路人，尸棺散发出的恶臭，已经开始在四周弥漫，挑夫用麻布掩住了口鼻，但其中仍有人在大声呕吐。 这是运尸者的日常工作。 每年的清明和冬至，他们要搬运这样的棺材达千余多具，里面都是尸体，其中一些已经高度腐烂。 它们经

---

　　① 淮海路在历史上更名相当频繁，其东段初名西江路，西段曾名法华路和宝昌路，后更名为霞飞路，二战期间曾改为泰山路。战后更名为林森路，1950 年改为淮海路。淮海路西段原名乔敦路，二战时改为庐山路，战后更名林森西路，1950 年改为淮海西路。为了叙事方便，本文中一律称为淮海路。

运河抵达杭州，再转道宁波，走过长达数十天的漫长路途。 客死他乡的亡灵，将依附在那些腐尸上，无限喜悦地返回故乡。

这就是位于法租界内的四明公所的使命，它站立在中国人关于死亡的古怪信念之上。 他们笃信身体的宗教，相信死者只有回归故里，其灵魂才能得到安息。 为了经营这种久远坚硬的信念，1797 年（嘉庆二年），宁波商会购入上海县城北郊土地三十余亩，成立了丧葬慈善机构，处理"侨居"上海的宁波籍居民的死亡事务。 这是免费的墓地、寄放尸棺的广场，以及远东最庞大的尸体转运站。①

由于水运过程漫长而艰难，那些带尸棺材在被运走之前，要在公所内轮候，时间长达一两年之久。 它们被陈放在光线阴暗的"厝舍"里，排成庞大的方阵，俨然是死神检阅的队列。 那些简陋的棺木起初散发出松木的清香，而后就开始朽坏和破裂，渗出肮脏的尸血，到处弥漫着浓烈的霉臭，构成上海旧城和法租界之间最诡异的景象。

英国植物学家罗伯特·福钧游历上海时，被遍布郊区的坟墓和露天棺材所震撼。② 他的游记企图向我们证明，19 世纪的上海，正陷于死尸的包围之中。 中国人对尸体的敬畏，超越了存在的理性。 宁波人在停尸场里修建地藏殿和纯阳殿，企图以菩萨的法身来安抚亡灵。 而对于那些腐烂的尸体，除了用生石灰消毒外，没有其他更有效的办法。 越过数千年的漫长历史，华夏帝

---

① 关于四明公所的史实，均参见梅朋、傅立德著，倪静兰译：《上海法租界史》，上海社会科学院出版社 2007 年版。

② 罗伯特·福钧（1813—1880）在《华北诸省三年漫行记》中这样写道：（上海）城郊非常可观的土地都被死者的坟墓所占据，四面八方圆锥形的大土墩触目皆是。土墩上长着长长的茅草，有些还种着灌木、花卉……这些棺材被小心地包裹在稻草或席子里，以防止风雨的侵袭。有时候、虽然是极少见的，由于他们的亲属没有像平时那样的小心照看，我看到有些棺材因天长日久而散成了碎片，死者尸骨都暴露在外边了。转引自《1843：一个英国学者眼中的上海》，载《上海滩》杂志 2000 年第 5 期。

国终于呼出了死亡和腐烂的气息。

尽管大多数中国人早已习惯于农耕时代的殡葬方式，但在人口稠密的租界，尸体的大规模集中陈放，还是挑战了生者的权利，直接危及本地居民和外侨的健康。法国人对此犹如骨鲠在喉，必欲加以清除。在1862—1863年的年度报告中，法租界公董局曾发出如下誓言："为消灭这些坟墓，决不在任何尝试面前后退，无论这种尝试多么艰难"。

在隐忍了十年以后，法国人终于在1874年（同治十三年）发难，要求在四明公所开筑道路，而公所方面则以尊重中国习俗为由加以拒绝。中国人宣称，死人遗骸如果遭到马车践踏和行人搅扰，以及挖移遗骸，都是骇人听闻和无法容忍的。① 这是基于亚细亚死亡伦理的声明，它要坚定地捍卫死者的尊严。但法租界公董局态度强硬，调动巡捕和战舰水兵强行闯入公所拆毁坟墓，与前来阻止的宁波人发生激烈冲突，七名抗议者被打死。这场冲突的后果令法国人都感到意外，只得被迫终止尸体讨伐计划。

血案的严峻后果，延宕了法国人的卫生清算和租界扩张计划，迫使他们再隐忍十六年之久。1894年春夏之际，广州城爆发大规模鼠疫，十余万人死于这场浩劫。上海租界各国领事制定《辟疫章程》，对所有来自疫病口岸的旅客作体格检查，开启了中国海关检疫的历史。② 与此同时，作为鼠疫的重要温床，四明公所内的大批尸体，再度成为公共卫生的最大焦点。法国驻沪总领事照会上海道台，要求公所对停放棺柩进行消毒并尽快移除，仍没有得到任何响应。

四年之后，也就是在1898年1月，新任法国总领事白藻泰

---

① 《第一次四明公所血案档案史料选》，载《档案与史学》1997年第1期。
② 徐雪筠等编译：《海关十年报告》，载《上海近代社会经济发展概况（1882—1931）》，上海社会科学院出版社1985年版。

(G. G. S. de Bezaure) 制定《法租界管理章程》，禁止租界边沿堆寄棺柩，并限令四明公所在六个月内将所有棺材搬走，以彻底切除这个卫生肿瘤。 公所迫于各方压力，在半年中移走两千五百具尸棺，还剩五百多具迟迟未动。 白藻泰忍无可忍，亲自带领士兵进占四明公所。 宁波人拥向法租界巡捕房示威，双方再度发生暴力冲突，十七名中国抗议者被打死，这场血腥镇压点燃了全体上海市民的怒火，民族主义示威浪潮蔓延到整个上海。

但出乎意料的是，尽管罢工罢市规模盛大，宁波人却没有获得最后胜利。 基于江苏和上海两级官府的袒护立场，四明公所被迫终止埋尸和停棺业务，出让部分土地和拆除部分围墙，由法国公董局按原定线路修筑宁波路。 而这就是淮海路东段（淮海东路）的历史起点。① 越过面容可怖的尸体，新生马路迅速向西延展，两边栽种法国悬铃木，构成香榭丽舍风格的林荫大道。1900—1936 年，它贯通整个上海市区，成为最具欧洲殖民风格的都市干道。

这是一场关于肉身战争的严酷记忆。 我们已经看见，死亡的身体像巨大的墙垣，横亘在道路前端，在阻挡鲜活肉体达一个世纪之后，被子弹和鲜血所摧毁。 坏朽的死尸大军被迫撤离，臭气逐渐飘散，活的身体重返这片土地，打开了通往情欲的伟大道路。 到了 1936 年的夏天，这条马路上已经站满性感的白种女人，她们的笑靥浮现于咖啡馆和舞厅周围，跟霓虹灯一起，放射出肉欲的香艳光辉，成为淮海路的情色记号。

在远东地区，没有任何一条道路像淮海路那样，充满了身体二元论的对立色彩。 它标志着死亡和生存、亡灵和生灵、尸体和肉身之间的戏剧性对抗。 法租界公董局与四明公所的战争，仅

---

① 张仲礼主编：《东南沿海城市与中国近代化》，上海人民出版社 1996 年版。有关这段历史的民族主义叙事，还可参见唐振常主编：《上海史》，上海人民出版社 1989 版。

仅是它的第一次对抗而已。 二十年后，淮海路上又出现了第二次对抗。 1917 年俄国爆发十月革命，它是针对资产阶级身体的严酷围剿，大批支持沙皇的贵族和中产阶级遭到镇压，侥幸存活的第一批"白俄"，沿着远东路线艰难逃亡，于 1922 年抵达自由港上海。 到了 1936 年，全中国的白俄人数已经增至二十五万，而在上海的白俄是其总数的十分之一。 他们构成了上海最大数量的欧洲难民族群。①

尽管上海并非美妙的天堂，艺术家们还是在法租界里找到栖居的洞穴，并躲过了政治大清洗的厄运。 他们的队列里出现过盲诗人爱罗先珂、作曲家齐尔品、钢琴家扎哈罗夫和歌唱家苏石林的憔悴面容。 这些人，站立在远东的土地上，跟饱受希特勒迫害的犹太人一起，唱出满含希望的哀歌。

法国人和俄国人就此开始了密切的合作。 法国人率先奠定混凝土建筑和现代化配套设施（电灯、煤气、自来水等）的物性基石，而俄国人则从身体、市场与意识形态的层面，营造淮海路地带的消费乐园。 这是默契有力的分工，他们共同书写关于淮海路的春梦。

新街区的营造工程，起源于对身体的渴望。 白俄流亡者是贫困的，16～45 岁的白俄女子，有两成以上必须靠卖淫来维系生计。 当时流行的脱衣舞和芭蕾舞，分别代表身体话语的两个等级。 她们的身体除了被观看，还要被狂热地征用。 但这种演示和出售，不仅基于一种贫困的现实，也是针对红色禁忌的自我放纵。

信奉东正教的人们在自由地舞蹈，由此拼贴出一幅奇特的图景。 它可以被视为针对专制主义的美学抵抗。 它要为淮海路下

---

① 关于白俄在上海的侨居历史，可参见汪之成：《上海俄侨史》，上海三联书店 1993 年版，以及李兴耕等：《风雨浮萍——俄国侨民在中国（1917—1945）》，中央编译出版社 1997 年版。

定义，判决它成为自由肉身的避难所，并与外滩、南京路和衡山路一起，开拓远东的崭新生活形态。

白俄女人是善于利用身体优势实现自我拯救的群体，也是悲哀和狂欢的复合物——在堕落的肉体内部坚守灵魂的贞操，犹如在人间受难的天使。没有任何一种世俗伦理学能够对此妄加批评。那些美丽硕大的肉身，就是营造淮海路的坚硬石块，但她们比任何材料都更加柔软，饱含痛苦而芬芳的汁液。

但俄国人最终还是修改肉身的定义，裹住了裸露的欲望。梧桐树影和昏暗的路灯，遮蔽起缺乏光线的身体。此外，法式时尚也参与了身体的包装，令它变得优雅起来。基于俄国人的艺术天赋，在身体的高端部分，文学和艺术（戏剧、音乐、舞蹈和绘画）狂热地生长起来。此外，由于受到法国政府的特别关照，俄国人在霞飞路（淮海路中段）上开设现代商店：珠宝店、皮鞋店、胸罩店、西药铺、洗染房、照相馆、面包房和咖啡馆等层出不穷。所有这些专题性店铺，都以精细的欧洲方式向身体致敬。淮海路上弥漫着法国香水、巴西咖啡和罗宋汤的多重香气。这种复杂的气味是惬意的，它覆盖了当年四明尸棺的噩梦。

在法国文化中浸泡了一百多年的俄国人，浑身上下都洋溢着法国情调。这是一种古怪的趣味寄生现象。在进入上海租界之后，俄国人迅速接过了法国人的文化传播使命。1922 年俄国人登陆吴淞口时，侨居上海的法国人只有六百多人，无力完成种植法国情调的使命，于是，俄国人在推销肉体的同时，还要充当法国文化的经纪人。他们开办芭蕾舞学校和音乐学校，传授法国艺术的真谛。法国殖民者和俄国流亡者之间，出现了更为紧密的文化合作——向上海自由市民提供优雅的时尚样本。

在 20 世纪上海的物欲-情欲地图上，出现了南京路和霞飞路的双轴线，共同沿着洋泾浜两岸向西推进。南京路以百货公司和舞厅著称，而淮海路则以白俄商店、脱衣舞和妓女闻名。它们彼此平行，遥相呼应，俨然一对竞跑的马拉松赛手。 它们在旧帝国的前门制造出现代化的奇迹。 就在北平知识分子忙于争论文化和制度时，上海市民已经完成了日常生活方式的转型。 这是发生在帝国东端的隐形革命，它急切地汇入了现代文明的洪流。

如果对这两条街道加以区别的话，那么南京路是利用高楼和大型百货商场来炫耀阳具的男人，而淮海路则更像精细优雅的女人。 一百年后，淮海路开始以所谓"女性用品"著称，云集着各种女性用品专卖店和服务商，炫示为身体服务的性感主题，以吸纳大批本地消费者。 它比一百年前更加香艳——上海市妇女用品商店、古今胸罩公司和万象胸罩店、紫澜门贵族女装店、巴黎婚纱、维纳斯婚纱摄影公司和好莱坞婚纱摄影、莱斯姬拉蜜雪儿、兰花衣着百货综合商店、连卡佛、巴黎春天、华亭伊势丹、新加坡女性护肤……

这无疑是对其发生史的一种自然反射。 导游手册上的商店名录，明确标定了它们的性征。 所有这些柔软的事物，都根源于白俄女子的那场卖身运动，甚至还可以追溯到对四明公所遗骸的历史性恐惧。 她们当年卖春的悲泣，终于变调成身体消费的颂歌。 经过刻意的最新改造，淮海路到处弥漫着消费主义的香气。这是权力和市场共同营造的后果。 在这场消费运动中，淮海路恪守了关于身体的信念。 这是它的文化起源，也是它最温存有力的法则。

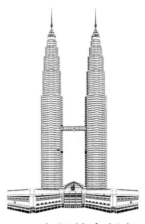

空间的乌托邦

　　数百米高的建筑物和低矮的人群构成了犀利的反讽：这些巨大的人工建筑表面上是为了夸耀人的创造力的，其实却趋向于颠覆人的尊严。

西方想象运动中的身份书写

罗马城邦：话语抄袭中的欲望书写

近年来发生在中国建筑业的最大抄袭事件，就是对希腊和罗马建筑师（工匠）作品的大规模仿写。 建筑商公然把"罗马柱"（实际上多是带有螺旋式和绞绳式线脚的希腊立柱）、拱券、柱廊、凯旋门和各种希腊雕像，拼贴在新建的高级居住小区里。 罗马式的广场、花园和公共建筑在都市里到处林立。 全中国建筑商和建筑师正朝"罗马主义"的康庄大道大步前进，以迎合所谓的高尚趣味。 好在希腊人和意大利人对这种抄袭早已习以为常。 希腊人最初被罗马人抄袭，而后被意大利人和整个欧洲所抄袭。 两千多年以来，他们一直置身于被抄袭的巨大荣光之中。①。

---

① 詹明信认为，"剽窃"是后现代主义最显著的特点。他的措辞显然更为激烈。但他忽略了第三世界现代化过程中的"剽窃"现象，后者涉及从建筑样式、服装品牌到音像制品等广泛领域，并且对其全球化（现代化）产生重大推进作用。（詹明信著：《晚期资本主义的文化逻辑》，生活·读书·新知三联书店 1997 年 12 月北京第 1 版，第 399—407页。）

几乎所有的中国城市居民都卷入了这场集体抄袭案之中。他们作为消费者（业主消费或景观消费），尽情享用着希腊化的视觉美餐。 但人们已经发现，这其实是一堆经过低劣化处理的文化符码，被生硬地插入中国地表，然后大量增殖，直到它变得令人作呕为止。 中国建筑商的庸俗趣味，已经达到登峰造极的程度，它引发了一场可笑的美学地震。

在抄袭修辞学中包含了扭转、夸张、象征、暗喻、拼贴和插入等等技巧，却唯独没有戏仿，也这意味着它拒斥了唯一的批判性道路。 抄袭成为一种弱智的膜拜式仿写，这暴露了想象力、创造力和自我记忆的三重匮乏。

抄袭运动无非就是一种在时间逻辑上自相矛盾的营造。 一方面它指向未来，也就是指向某个现代化的都市模式，一方面它抄袭了千余年以前的风格，也即指向遥远的过去，于是它在时间上陷入了双重性困境。 这种"双重时间"正是第三世界发起的西方想象运动的精神记号，它向我们提示了一种想象逻辑的错乱。但这种自相矛盾显然并不妨碍开发商及其客户的营销与购买计划。 我们看到了一种新型文化业主的诞生，他们是西方想象运动的主流，热烈从事着概念性消费，耗费钱囊中的所有积蓄，去响应伪造的西化景观工程。 他们的努力令北京、上海和广州成了爱琴海文明的远东飞地。

我们观察到一个普遍的事实，那就是各种以"阳光巴黎"、"欧罗巴风情"、"东方曼哈顿"、"加州豪墅"、"枫丹白露别墅"之类命名的小区层出不穷。 对西方的想象不仅划分了时代，空间指向性也更加明确和精密。 在命名的地图上，名词的宏大叙事正在逐步变小，也就是从国家转向了州省和区县，并且向业主们暗示了都市性（"广场"、"花园"、"公寓"、"大厦"、"城"），豪华性（"别墅"、"庄园"、"豪园"、"豪庭"、"帝庭"、"皇城"、"帝都"），气候境况（"阳光"、"月光"、"彩虹"、"雨林")和地理境况（"滨江"、"流水"、"左岸"、"东湖"、"丽水"、"森林"、"山庄"）。所有这些命名修辞都旨在制造一种地位、尊严、富有和迈入西方生活领地的幻象。

这种"名词消费"在市民群体中受到了空前的欢迎，并进化为更加抽象的"概念书写"（如"尊贵"、"高科技"、"现代商务"和"金领消费"等）。机智的"概念建筑商"洞悉了市民对"概念"的高度敏感。商人们的营销策略就是用一大堆概念组织起一个现代性空间，然后把它们推销给那些渴望成为现代化先锋的新兴阶层。

咖啡经济和幻象消费

文化就是价格和价值之间的距离，它紧张地聚集在"剩余价格"（**注意，不是"剩余价值"**）里，也就是聚集在由物体编织成的精神幻象之中，等待消费者用金色信用卡慷慨地付账。

在想象性活动中，昂贵的价格本身竟然成为想象性消费的基本属性。这是市场逻辑所制造的最大骗局。一杯卡布奇诺咖啡在悉尼是 2 澳元（约折合人民币 10 元），而在北京和上海的基本价格是 30 ～35 元（衡山路则高达 60 ～70 元），起码高出三倍，但中国蓝领工人的平均工资却只有澳大利亚的二十分之一。这种相对比值的显著差距，向我们揭发了第三世界的文化特性。

咖啡价格被注入了大量想象性消费的利润。这是一个遭到商人们肆意夸大了的附加值，它远远逾越了咖啡本身的价值。但消费者就是商人的同谋，他们从一开始就参与了想象性消费的游戏，并且毫不犹豫地为这个虚拟价格付账。我们没有任何理由替这样的消费者抱怨。 这是一个围绕着"西方想象"的隐形契约，它满足了双方的欲望：一方是对咖啡利润的实际性占有，而另一方则是对西方情调的想象性占有。 第三世界的咖啡经济学就是如此。 这种咖啡经济早已在西方快餐（麦当劳、肯德基）、品牌服饰和轿车等所有领域大规模扩散，令所有远东消费者成为西方资本逻辑的战利品。

是的，一种被符号学家指称为"他物"的东西成功地融入咖啡并僭越为主体自身。 中心与边缘、想象和被想象，所有这些事物发生了彻底的倒置。 它们是显而易见的赝品或替代物。 它们的真实性总是遭到那些从西方归来的中国人的激烈质疑。 但真实已经并不是"用户"的尺度，问题是它是否符合或接近想象中的西方图景。 或者说，与风景画片、旅游杂志、电视上的景象有某种相似之处。 想象性空间的影像是非精密的，它的可靠性有时取决于消费者阅读（观看）的经验，但最终则总是取决于经销商所出示的商品本身。 在资本逻辑的体系中，它就是唯一的真实，此外更无其他真实。

西方身份里的中国欲望

"他物"的涌现，是中国现代化进程中发生的最大事变。 由李鸿章、张之洞和左宗棠等人发动的洋务运动，基本排斥了想象性符码，不过是一种纯粹的工业技术物资的紧急输血，它的清单上罗列着后膛枪、加农炮、蒸汽机、车床、发报机、机车和铁轨之类坚硬的"经济基础"细节，用以维系腐败帝国的运营。

半殖民地半封建的上海，从黄浦江沿岸的大规模造楼运动开始，便开始引入了更为柔软的意识形态代码（如赌博业、流行服饰、时尚书刊和电影胶片），这次运动发源于土地的区域性租赁，而后果则是西方文化对中国东部沿海的强力征服。

20 世纪 80 年代，意识形态代码大规模涌入，而且首次在数量上超出工业产品，成为"他者"入侵中国的首席事物。 我们可以看到，经过长达一百五十年的洗礼，这种"输入"运动愈来愈深入它自身的内核，也就是深入到文化代码无限增长的层面。

"书写"是欲望表达的最高形态，表达了欲望历史的进化向度。 但"书写"并非一定就是理性建构的同义语，恰恰相反，我们在建筑书写中看到了一个被中国人扭曲、变形和模糊不清的镜像，而在镜子的深处，停栖着中国主体的面容，他们从那里发出了"中国欲望"的热烈叫喊。

"中国欲望"就是在现代化进程中被第三世界身份所困扰的集体性焦虑，由此引发了关于身份构筑的广阔运动。 毫无疑问，寻常的西方物品输入，已经无法制止"个人富有"速度过慢所引发的痛苦。 文化主体沉浸在身份的异质性苦闷之中。 东方和西方的物性差距助燃了"中国渴望"。 这种焦虑必须依靠更大数量的代码来加以慰藉。 尽管代码只是一种欲望或身份的代用品，但它却有效地补偿了现实的巨大匮缺。 而且所有代码的成本（而非价格）都是低廉的，它们帮助居住（消费）主体夺取了享受的权力。 有时候，一杯卡布奇诺咖啡和一支哈根达斯雪糕就是镇静剂药丸，被用以熄灭过度燃烧的欲望。 在想象性的占有中，中国人提前消费了想象中的生活方式，也就是提前从想象中夺取了尊贵的身份。

这是一场何等美妙的符码盛宴，它已经在中国培育了一个庞大的幻象消费市场，西方想象就是它的母题，个人富有就是它的口号，享受生活就是它的目标，剽窃、劣仿、碎片化和蓄意的拼贴就是它的手法。 而在另外一边，中国本土的幻象工业也在苗壮成长，它要亲自复制出那些激动人心的事物，以便为意识形态转型开辟道路。

身份是中国式资本逻辑的根基。身份的属性就是不能被隐形，相反它必须显著地加以传播、昭示和炫耀，正是从这种规则中产生了"名片话语"，也即把举止、服饰、座车、住宅、学历和全部金钱当作"身份名片"，借此向社会发布私人公告，尽其可能地宣示主体的文化身份。这就是中国语境中涌现的"第六媒体"，①它所发布的消息无所不在，并且成为人们彼此打量、估价和对话的主要依据。

"第六媒体"的最新例子是正在热销之中的北京财富中心，它宣称位于北京中央商务区（CBD）的中心，它的主打广告词径直就是"财富的身份名片"，另一广告词则自我形容是"万众心仪的城市的顶点"。它的上述自我命名——北京财富中心，完全越出了寻常的居住小区命名规则，制造出一个"商务中心"的镜像，以便为业主提供一张社会精英的身份名片——尊贵（地位）、富有（金钱）和高尚（趣味）。对西方的想象就这样转换为对自身身份的想象性营造。

其实我们早已发现，所有对他者的想象最终都是一次自我想象的话语冒险。这无非就是利用名片话语进行文化记忆的全面"洗白"，从而完成对自己的身份想象。这场西方想象运动的结果，就是把针对西方的想象性碎片直接贴上主体，使想象者自身散发出西方式的物性光辉，犹如鸡类在身上乱插孔雀翎毛，它把现代化进程涂改成了一场文化喜剧。国际资本逻辑操控着这场想象运动，令身份的庄严转换变得滑稽可笑起来。主体在想象中膨胀和失控了，变成了一堆本质可疑的消费符号。

---

① 报纸、广播、电视、互联网、手机短信，是目前公认的五大媒体。这个排列显然忽略了身份名片在中国语境中的非凡功用。

　　个体的自我想象转换成民族想象，个人主体聚结成了民族主体。　那些个人名片拼接出富裕强大的国家民族（"国族"）图景。　尽管第三世界语法却依然在强硬地执法，企图让所有的身份名片显形，但这并不能修改国族叙事的基本方向。　那些细小名片都在书写一张共同的宏大名片，那就是"中国"。

第三世界的乌托邦面孔

自从 20 世纪 80 年代中期非非主义、莽汉主义和王朔主义把"反讽"弄进文学之后，这种意识形态修辞就侵入到了文学、美术、戏剧、音乐和学术等各个领域，而它近年来对现代都市建筑的入侵，则是这种颠覆性话语踏遍世界的标志。

建筑反讽最"通俗"的例子就是那些高楼集群。都市化竞赛的结果只能是高楼竞赛，而如同狄更斯所描述的那样，在庞大的高楼底下行走，人的微渺性便遭到了强化。数百米高的建筑物和低矮的人群构成了犀利的反讽：这些巨大的人工建筑表面上是为了夸耀人的创造力的，其实却趋向于颠覆人的尊严。建筑的这种目标和功能之间的反讽性，使它成了人的隐秘敌人。马克思早在一百五十年前就把这种景观称之为"异化"。"反讽"就是"异化"在建筑语汇上的某种显现，这种对人本主义的水泥物反讽，起初闪烁在哥特建筑的金属尖顶上，仿佛是一个焦虑的呼告和祷辞，而后则转换成了垄断资本主义时代的权力标志。在纽约那些摩天大楼的顶部，聚集着城市贫民的仇恨。它像针尖一样划过了上帝俯瞰大地的脸，令它感到了轻微的痛楚。

位于上海黄陂南路和淮海路的"新天地"则是一个更加极端的事例，这个旧城改造的样本，成功地完成了对上海旧贫民窟的移置和改写。 为了寻求逼真的效果，它甚至精密复原了石库门建筑的外形，并小心翼翼移移植了石头上的青苔和野草。 这种"纪实性"叙事来自一群香港富商的资本创意。 它企图衔接旧上海的文脉，并借此营造富人消费休闲的飞地。 但"新天地"的建筑功能从一开始就被蓄意篡改了，它由一个贫民的象征转换成了一个奢华的商业中心，其中包括各种高档的画廊、礼品店、咖啡馆、酒吧和餐馆。 这是建筑话语在视觉和功能上的双重反讽：用香港富人的消费天堂，反讽了上海贫民窟的悲惨历史。

作为贫民窟的建筑代表，石库门隐含着一个语义转换的漫长过程。 石库门建筑的灵魂就是它那黑色大门。 它是整个建筑物立面的重力中心，与高墙的青砖浑然一体，凝重、端庄、在古拙之中混合着乡村财主的陈旧趣味。 当这种建筑样式在 20 世纪 20 年代的上海现身时，一度是那些富裕移民热衷购买的新家园。但自从抗战爆发和上海沦为孤岛之后，它便因位于租界而逐渐成为"七十二家房客"式的小市民和难民的混居点。 到了 20 世纪 60 至 80 年代，基于上海民居建设的基本终止和人口的急剧膨胀，石库门的大门已经颓败，它无法阻止房客的急剧增长，以致最终沦为拥挤肮脏的贫民窟。 它那过度逼仄的空间，成为滋养小市民习气的中心摇篮。 其他贫民住宅样式，还应当包括南市区的晚清老屋和更为贫贱的逃荒者的棚户建筑。 但它们都未能形成石库门那样的空间规模。

几乎所有在"新天地"里行走的上海人的心情都是和游客截然不同的。 越过那些青砖甬道、石板路面和紧闭的黑色大门，记忆经历了一次严重的篡改。 人们不仅在现实中遭到放逐，而且还被从记忆的家园里驱赶到了异乡。 对旧城民居建筑的改造，制造了一个有关新世界的消费主义乌托邦，但它不属于城市贫民，而是属于游客，也即那些外来的"文化异己分子"。 后者的嬉笑回荡在用贫民历史构筑的布景里。

上海衡山路的酒吧群落也是文化反讽的例证。 它的建筑及装饰风格的高度欧化，与它内部播放的音乐（邓丽君歌曲）和电视节目（功夫片）形成了可笑的反讽。 或者说，它的"硬体"遭到了"软体"的颠覆。 没有什么比这种语法混乱的自我叙事更能显示"第三世界文化"的特点了。 在我看来，反讽不仅是后现代的叙事方式，而且也刻画着西方符号资本支配下中国都市文化的特性：混乱而有生气，充满了意外的话语效果，仿佛是一些层出不穷和令人发笑的喜剧。

谁主沉浮：两种旧天地的博弈

　　1951 年无疑是中国建筑的重大转折点。　上海市政府成立了
"上海工人住宅建筑委员会"，从苏联引入"工人新村"理念，
以构筑新国家主义的建筑蓝图，副市长潘汉年领衔筹建工人新
村，以期解决上海三百万产业工人的住房困难问题。　位于上海
西北部的曹杨新村捷足先登，仅花七个月时间，便以飞快的速度
完成了第一期工程。　陆阿狗、杨富珍、裔式娟等百名"劳动模
范"和"先进生产者"告别了阁楼和草棚，欢天喜地的入迁新中
国第一个工人新村。　而作为"翻身当家作主"的伟大标志，曹杨
新村竣工当年便开始"接待外宾"的工作，扮演着"工人阶级客
厅"（王晓渔语）的角色，并且至今仍是上海旅游路线上一道隽永
的风景。
　　新村主义民居的崛起，意味着自由主义建筑理念的终结。
为经济节俭起见，它重复地复制着风格单一的建筑物，把它们整
齐地码在一起，形成高度类型化的居住小区。　其立面风格简朴、
单调、缺乏个性；内部的生活资源设计（如卫生间和厨房）同样
简洁而粗陋，并通过乌托邦公社式的均衡分配，维系着居住者之

间的政治平等。 耐人寻味的是，曹杨新村环浜上的"红桥"，其栏杆居然被戏剧性地涂成鲜红色，由此成为新村叙事的经典之作，尽管色彩刺目，与环境高度冲突，但其鲜明的色泽，却成为人们读解其内在语码的外在记号。

此后，上海各区都开始了克隆曹杨新村的壮举。 这场硅酸盐运动，从 20 世纪 50 年代起到 80 年代止，历经三十多年，成功安置了大部分产业工人，令其成为上海居住面积和居住人口最多的建筑样式。 然而，在居住空间与信仰日益萎缩的时代，人口却在急剧膨胀，工人新村蚁穴般簇拥着密集的人口，永无休止地上演着争夺生存空间的"日常战争"。 尽管如此，无论是天堂还是地狱，工人新村的语义却一如既往，没有丝毫改变——它始终是一个幸福而辛酸的家园。

新村叙事的这种单纯性与坚贞性，给我们留下了深刻印象。但奇怪的是，尽管这种建筑拥有数量上的绝对优势，而且曾经是国家的样板建筑，它却未能在今天成为上海的标志性民居。 几乎没有什么人在陈述上海时愿意提及这种外形简陋的水泥建筑。新一轮的城市规划者正在竭力把它从地图上抹掉（曹杨新村是个例外），它甚至不能像石库门那样成为一种感伤的经典记忆。

为了探究其中的原委，我们不妨再回头端详一下石库门的历史容貌。 这种已经被人们反复言说和书写的"市民新村"，在 20 世纪二三十年代曾经称雄上海。 石库门的居住模式经历了如下三个阶段：早期殷富移民的独院式居住、中期的租赁居住、晚期的高密度杂居。 跟工人新村的清一色无产者完全不同，在其日益衰败和苍老的晚年，狭小的石库门竟然以博大的胸怀收纳过三分之二的上海市民，囊括了从破落资本家、掮客、小业主、手工业者、小布尔乔亚、旧知识分子、大学生、乡村难民、城市流氓、舞女或妓女等各种驳杂的社会细胞。 它盘踞在城市的商业地理中心（租界），成为构筑上海平民意识形态的秘密摇篮。

　　石库门的这种复杂的阶层特征，令它的文化语义变得暧昧起来，作为一个城市建筑符码，它既隐含着早期乡村移民的地主式理想（它的旧式牌楼、黑漆大门、黄铜门环、传统砖雕青瓦门楣，以及前后楼和正厢房的尊卑秩序，便是乡村美学的残留记号），也隐含着中期的洋场文人租客的小布尔乔亚趣味（阁楼情结或亭子间梦想），以及隐含着晚期贫民窟化的市民主义习性（它的逼仄空间塑造了小市民彼此窥视、播弄事非、精于算计、毫厘必争的卑琐性格）。 这三种力量的聚合，尤其是市民主义的加入，令石库门承载着更加丰富的语义，并成为都市各阶层展开心灵怀旧的美妙对象。

"新天地"：青砖和玻璃的双重神话

　　与"旧天地"截然不同，用青砖构筑起来的上海"新天地"，是东方想象的一个杰作，响应着游客的异国地理趣味。 尽管建筑外部构型和内部功能产生了惊人的冲突，但这似乎并不妨碍西方游客的流连与穿越。 他们既从视觉上消费了一个东方文化图景，也获得了西方式的舒适服务，这是发生在一个被圈定的怀旧孤岛上的双重享乐。 东方符码和西方符码在这里被加以鸡尾酒式的混合，然后散发出虚假而自相矛盾的气味。

　　我们注意到这样一个古怪的事实：青砖高墙构成了"新天地"大面积的视觉主体。 紧闭的百叶窗强化了这种自闭主义倾向。 那些青灰色的砖块言说了拒绝。 它的语义就是阻挡、推却和隐藏，要把游客制止在它的面前。 迫使他们屏住视觉的呼吸。高墙终结了前进和深入的欲望。 而镶嵌其中的玻璃门（它们被用来替换传统的木质黑漆大门）却是吸纳、接受和公开的，它呼请着路人的进入。 这无疑是精神分裂的语义。 它的双重性构成了针对游客的诡计，一方面利用夸张的墙体制造神秘和矜持，点燃他们的消费欲望，一方面又透过玻璃门向游客开放，向他们审慎地提供观察和进入的通道。 这种状态就是对"新天地"双重人格的含蓄揭露。

不妨让我们先仔细阅读一下石库门青砖的本文。 这是一种江南民居的基本构材，它是乡村化的物理表征，和缓慢生长的青苔融合在一起，标定着久远的年代、岁月和模糊的记忆。 迄今为止在民间流传的最古老青砖来自秦代，距今两千多年。 它同时也是明成祖修葺长城的基本材料，其上叠加着各种暧昧的历史语义，坚硬、凝重、冷漠、收敛、含蓄、闭抑和静止。 它的工艺加深了其感知上的特征。 在烧制过程中，那些在火焰中一烧到底的成了红砖，而那些被淋过水的则转换成了青砖。 这种青灰色成了东方主义的标志色。 青砖是火与水密切合作的产物。 它是一种水性的耳语和泥土的轻微呼吸，悠然座落在东方的水畔居所里，继而又构筑着早期现代都市的民居风景。 它吸收着雨水、露水和人体的血气，变得更加温润寒湿起来。 青苔是它的生命化的表情。 在青砖的表意体系里，蕴含着土、火、水和金（决定砖色的铁质）四大元素的隐秘联盟。

"石库门"的语法就是东方的自我复述，即从一块青砖转向另一块青砖的简单书写。 这种复述看起来是一个小小的矩形物体在一个立面上的增殖和扩展。 它的数字化复述构成了墙体，再由不同的墙体构成了石窟门建筑的主体。 这种三层结构的语法有时是相当精密的，仿佛是一个数量增长的序列游戏，构筑着一种单调而冷漠的立面。 它甚至没有爬山虎或常春藤之类的藤蔓植物加以修饰，以便它的风格能够更加柔和。

新天地也是"二度书写"的产物，或说是一次语义的历史还原，也就是用跨国资本把石库门建筑从贫民窟的语境中拯救出来，把它推向其原初的状态，复原它在 20 世纪二三十年代作为富有者家园的语义。 现在，它在香港富豪的资助下卷土重来，变得更加庄严凝重，卓然大方，并且要从中穷尽资本意识形态的神话书写。

　　针对旧语义的上述复兴，一个居住在"新天地"附近的居民如是说：每天他从窗口眺望着被霓虹灯照亮的"新天地"，心中就充满着难以言喻的仇恨。　他面对着彼此交织的本文和影像，被那些陌生的身体、面孔和语言所周期性地激怒。　这是遭受金钱剥夺了消费权力的痛切感受。　但仇富者的叫喊，被吞没在流行歌舞的尖锐乐音之中。

　　青砖主义的建筑语法制造了旅行者的一种消费错觉，即他正置身于一个东方化本文的核心。　然而，"新天地"不过保留了石库门的外观而已。　在其内部，那种四合院式的标定尊卑、主次、上下、长幼的伦理结构遭到了彻底颠覆。　取代它的是舞台、楼梯、平台、包厢和观众席，它们聚集起一个庞大的歌舞演出和红酒消费的情欲空间。　石库门只是一个抽空了词语外壳，而被重新填写以现代享乐的浓烈语义。　它有一个新的支点，那就是金钱。　它在金钱的鼓舞下变得生气勃勃。　所有的游客都从这里获得了一种消费的虚假尊严。　它由权力转化而来，却比权力更加蛊惑人心。

　　越过那些向灰色倾斜的青砖外墙，都市的光线戏剧性地照亮了石库门访客的面容。　他们不仅是西方或港奥台的旅游者，而且还包括本土富裕阶层和寻常市民。　但奇怪的是，后者对这片风景的感受是截然相反的。　他们没有接受青砖的历史语义，却把"新天地"当作了西方想象的产物。　他们的消费意图来自于对石库门的另类文化记忆。　在解放前，它曾经是摩登主义的广泛符码，与徐志摩、张爱玲、施蛰存等的小布尔乔亚叙事密切相关，隐喻着西方现代性的登陆与扩张。

　　这种"西方想象"的样板在新天地四处可见。　陈逸飞的店铺（"逸飞之家"）就是强行插入青砖体系的另一种西方碎片。　有限的光线、明亮的玻璃、精致的器皿和空间的秩序，组成了一个后现代布景，它的玻璃化的简洁气质和它内在的人文空洞性融合起来。 它是一个伪文化的精美样本，代言着"新天地"乌托邦的资本神话。 但它却是自闭和审慎的。 跟陈逸飞商业绘画中的江南轻灵女子截然不同，表情僵硬的玻璃化女职员，小心分辨着西方消费游客和中国观光者的差别（后者意味着消费的不可能性），并据此对进入者采用相应的对策。 和玻璃的气质彼此呼应，冰冷、漠视、阻止，或是出示一种职业化的微笑。 它的矜持性和势利性暴露了上海商业经营方式的特点。

"新天地"的青砖意象和玻璃意象的这种交织性书写，竟然同时产生了两种事物：中产阶级的西方神话和海外游客的东方神话。 它们在那个地点被双重地书写。 这就是它受到消费者广泛欢迎的原因。

祈福新村:第二代建筑乌托邦运动

中国南方是近代乌托邦的主要策源地。 1989 年,一个新的建筑乌托邦在广州番禺开始策划和打造,这就是以后号称"中国第一村"的祈福新村。 广东人以更加务实的立场,开启了新民居建筑的美妙历程。

以"新村"命名民居群落的传统,起自民国政府的"三民主义"构想。 在当时的首都南京,诸如"梅园新村"之类的新式住宅已经开始林立。 新中国成立后的1951 年,更为新型的"曹杨新村"在上海落成。 它们毫无例外地以"新村"命名,形成了20 世纪的新意识形态建筑谱系。 它们不仅维系着进城农民的村落主义记忆,也显示了城市无产者的天堂信念。

祈福新村是这个 20 世纪新村谱系的最后一环。 它既是旧式乌托邦的一个终结,也是新型乌托邦的开端。 开发商耗资上百亿元,把二百多公顷农田变成了一座庞大的村落,可容纳两万多户七万多人居住。 而新的土地仍然在大面积开发。 它正在迅速发育为所谓的"村落型精英卫星城市"。

目前的祈福村民一半以上来自香港和三十多个国家和地区,

其中包括一些裹着头巾的阿拉伯女人、黑人和欧洲白人。 他们的存在构成了这座乌托邦村落的"联合国"面容。 耐人寻味的是，其中大部分"富豪"是 20 世纪 60 年代中期到 70 年代末偷渡香港的人们，他们在艰苦打工后储蓄了一笔钱，以"富人"的身份重返广州故地，指望在这个新式乌托邦里处理人生的晚期事务。 他们用货币购买了自己的未来岁月。

被资本逻辑打造起来的居住乌托邦，拥有了乌托邦所必须的各种元素：富丽堂皇的俱乐部、庞大的泳池和餐厅、奢华的医院大楼、为有钱人修建的英语实验学校、保持中国传统种植业的度假农庄，被散步小径和路灯环绕的湖泊……。 每幢小楼前种植了芒果，居民每年都可以在一次统一的收割中得到 30 ～50 个芒果。 它成为富有村民的幸福之果，悬挂在露台和前庭里，和龙眼树一起，照亮着每一座自我炫耀的庭院。

来这里周末度假的人们，喜欢在一个农家小院风格的餐馆里就餐，在闷热的夏夜里面对着夏天的一池荷叶，或者在会所里饮茶游泳，街上停满了宝马和奔驰。 夜空上不时升起美丽的焰火，以节日的名义问候着这座非凡的村庄。 人们还喜欢在湖边散步，遥望那些幸福家居的灯光倒影。 它们在湖水里闪烁，放射着迷幻的光芒。 这是乌托邦的的一种视觉属性，书写着所谓"祈福文化"的迷幻本质。

然而，这个 20 世纪 90 年代的富人乌托邦正在面临解体的危机。 由于小高层的大批打造和"平民"的普遍侵入，别墅区里的"富人"们开始坐卧不宁。 他们的天堂悄然变色，沦为平民的最新栖息地。 广州的媒体发出警报，声称已有 80％的早期元老级住户从祈福新村撤离。 那里呈现出铁门锈蚀、落叶满园、野草在院落里疯长的萧条景象。 与此截然相反的是，祈福大道上充满着熙熙攘攘的平民人群。 后者正在成为这个乌托邦的最新主人。

当你在新村大道上行走的时候，总是会被那些洋溢着幸福表情的面容所震惊。 这种热烈的、充满私生活信念的气息，缠绕在村民的脸颊上，仿佛是一种曾经激荡岁月的历史再现。 这其实就是祈福新村的真实表情，它像章鱼一样盘踞于广州城边缘，向南方的平民发出了热烈的召唤。

祈福乌托邦的这种阶层转型是一个典型案例：建筑资本放弃了对"富人"的呵护，转而亲近平民的钱袋，这一新的规划营销策略，以每平米三千元以下的价格，伤害了20世纪90年代"富人"的脆弱尊严，却最终完成了与平民、小资和新兴中产阶级的"接轨"。 我们在祈福新村所看到的无非是平民的狂欢。 他们占领了从超市、餐厅、穿梭巴士到广场的所有公共空间，并且在"富人"的地界上发出喜悦的喧嚣。 四千名保安日夜巡逻放哨，捍卫着新世纪工薪阶层居民的居住权利。

平民的大批入住，改变了这所乌托邦空间的性质，把它转换成了一个用低廉价格构筑的诗意栖居地。 它不是一种政治赏赐，不是张扬意识形态成就的虚幻旗帜，也不是资本的富人飞地，而是普通公民的坚实的生活乐园。 这种戏剧性的改变，在房价飞涨的恶劣情势中，显得尤为珍贵。 让广大平民在可承受的价位上成为诗意家园的主人，这才是衡量地方官员政绩的基本标准。 在我看来，祈福新村显示的不仅是开发商的资本战略转移，也向世人揭示了中国新世纪民居的基本方向。

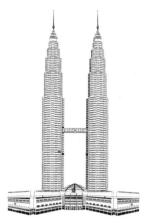

华夏地理牛皮书

　　巨大的水车构成了一个时间的隐喻，它要向我们暗示它对岁月的征服。　它是一个被市场加工的精细的历史布景，不倦地旋转在众多游客的猎奇镜头里。

徽州民居的权力布局

猪的信念

　　家（家庭、家居和家园）是人世间最细小的王国。 它是子宫的粗陋的代用品。 在被母体粗暴地推出之后，人毕生都在构筑新的家园。 那些用物理建材（土、石、木）围筑起的子宫式容器，可以收纳包括人在内的基本生活欲望。 而跟自然子宫截然不同，家是人唯一实现其主体性的自创空间。 在残缺不全的创造中，人书写着回归母体的梦想。

　　人是家的拥有者，却不是它的第一居住主体。 根据汉字"家"所描述的场景，在"家"字被创造出来的年代，猪就是这细小王国的君主。 汉字向我们明确描绘了那个迷人场景：在带有烟囱的屋顶（宀）下，猪（豕）在安详地沉睡。 它是财富（家畜、锅盆衣物和被褥等）的象征，指代了人所拥有的全部物资——土地、房舍、器物、牲畜和钱帛。 在农耕文明的早晨，温顺的家猪就是幸福的最高标记，界定着富有的"中产阶级"农民。家的语义就这样从历史迷雾中浮现了出来。它首先是一座陈放财物的仓库，其次才是人所安栖的居所。这种汉字的内在叙事，溢出了后世对家的基本定义。

但另一种更具戏剧性的阐释却声称，猪正是人关于其自身的隐喻。猪就是那种跟猪的幸福指数非常近似的人，他据此在食物和睡眠中打滚。这是最原初的农夫的梦想，它要在劳动者面前赞美摆脱农耕的愿望。像猪一样生活，意味着猪的伦理战胜了农夫的伦理。而这种慵懒人格，却意外地推进了文字和书写的诞生。黄帝之臣仓颉所从事的书写，就是对农耕运动的背叛，由此触发鬼神的忧戚和哭泣。在慵懒性与辛勤性的剧烈对抗中，文明开始向精神的空间飞跃。

正是那些历史谣传使我们获得了这样的印象：早在黄帝的岁月，亚细亚的家居哲学就已经露出暧昧的表情。它试图向我们推销二元论的价值体系——一方面要求农夫们开展辛勤的种植（养殖），以此积蓄财物（食品）；一方面又竭力推广猪的经验，探求逃避农耕劳作的契机。这是养殖者和被养殖者的双重人格，它破裂在仓颉造字的时代。这是最初始的自我裂变，却像基督教原罪那样，坚硬地支配着家居的历史营造。

亚细亚家居的格局就是如此形成的。越过数万年的缓慢打磨，它在明代民居那里获得了完整的构形。那些遍及远东地区的广义四合院，①拥有各种不同的区域类型。在徽州民居的天井四周，紧密环绕着三个方向的屋宇，被称之为正厅和左右厢房。天井（院或中庭）是住宅的核心。它是向上的，采集光线和聆听来自神明的旨意；它也是向前的，接纳来自大门外面的客人；它更是向后和左右延展的，通往主人、家眷、仆佣的住房，甚至通

---

① 广义四合院包括所有具备中庭的方形建筑，北方形态以北京四合院为代表，南方则以徽州民居为代表。

往更深的后院。 天井是道路的中心，是转折点和十字路口，是家庭内部的界碑，是儿童游戏室和家族聚会的公共空间。 它仪态万方地站立在门后，等待着人的占有和主宰。

被铁皮包裹的坚固大门，装有多重门闩。 这些构造复杂的装置，强化了家作为财产仓库的语义。 上海的石库门建筑，大步推进徽州民居的这种密闭性（加高院墙和收缩天井尺度），以此适应城市用地紧张并防范地方匪患；而北京的四合院则由于土地廉价和治安良好，转而向敞亮性发展，形成更加阔大的中央庭院。 这是两种截然不同的进程。 四合院建筑在清代发生了分裂，朝着各自的功能和哲学扬长而去。

天井里的风水神学

在坚固的大门被密闭了之后，四合院依然保持了跟上天和大地的密切联系。 天地是唯一受到华夏农夫（地主和商人）信任的事物。 天井，就其字面意义而言，就是要接纳来自上天的雨露。它是井台、承接雨露的池（槽），以及过滤和贮存水的容器。 水与天的这种源流关系，正是其神圣性的表达。 天井本来应当是家居的神学中心，跟厅堂里的祖先牌位遥相呼应。

以天井为核心的水体神学，是农业文明水体崇拜的精密延续。 从禹和倛的时代开始，水就是农业财产的象征，这一神学元素后来被可笑的金鱼缸所替代。 水的流动性和永恒性，描绘了关于财产的简洁幻象。 它是财产生长的秘密源泉，象征着财产的自我繁殖能力。

但水并不孤独。 就在水体附近，风（气）悄然出现了，与之发生密切的对位，共同说出流畅而不可捉摸的语言。 水在天井的下端，风在天井的上端，它们汇合为某种称之为"风水"的事物，其中还包含着光线、温度、湿度、磁场等各种物理要素。 在风生水起之后，它们产生了难以测度的思想意识力量。 在某种意义上，风水就是来自房舍（自创空间）的热烈爱意，它环绕在主人的四周，赞美并庇佑着他的灵肉。

风水神学就是古老的水体神学的进化形式。 它促成了家居神学的自我更新。 跟所有的神明不同，风水神是缄默无语的。它没有偶像，拒绝膜拜，甚至令人难以觉察其存在。 它是世界上最谦逊的神祇，只轻轻掠过人的躯体，在那里留下一个亲密的记号。

在战乱和物质匮乏的年代，所有的中国四合院都出现了严重的杂居化态势。 大批贫民涌入，零碎地切割住房及其公共空间，形成密集居住的蜂巢，由此改变了天井的纯粹气息。 人们在表情暧昧地观看，彼此窥伺着对方的私密，而后在天井里大肆发布。 这是对家的语义的严重篡改。 天井沦为"唾井"，承接着那些肮脏的口水。 水起初是天地的馈礼，表达人与自然的亲密关系，而最终却转为尘世的聒噪，退向人与人的庸俗关系。 然而，正是从这种闲言院落里，资讯文明意外地生长了起来。 这是现代化古怪果实——继小说之后，新闻（电视）和互联网进入家居，与砖（石）木体系呼应，重塑着"家人"的内在逻辑关系。

分隔的权力

就在天井的背后，厅堂现出了庄严的表情。 它成为迎接宾客和祖先亡灵的地点。 权力在这里诞生，被垄断、分配或肢解。家主，通常是表情慈祥或威严的男人，掌握着祭祀祖先的秘密。他的权力来自家族的谱系，也即来自他的血缘和排行，而后则取决于他事业的成功及其家族的服从程度。 他是儒家社会秩序的执行者，掌控了家的总体命运。

男人坐在八仙桌旁，背靠祖先的牌位，面朝天井和大门，用算盘仔细计算着收支，并用毛笔做了一丝不苟的簿记。 此类事务有时也在光线阴郁的书房进行。 他的小指甲被精心留长，犹如一个细长的骨勺，用以掏出耳垢和鼻屎。 这种自备的清洁工具，维系着男人的卫生底线。

毫无疑问，他是勤勉的家业守望者，遵循着严密的分隔原则。 他首先用青砖围墙把家跟外部世界分隔开来，而后开始分隔内部的时空。 他分隔空间，把它们移交给妻妾、儿女和仆佣。他也是时间的分隔者，为整个家族指定每个时间段落的主题：吃饭、睡觉、游戏、接待客人和到祠堂议事。 而在家以外，他还要分隔土地，把他们交给不同的佃农耕作，并且要在宗族事务的范围里分配公田的赢利，以接济那些孤寡的老人和儿童。

他借助分隔来为家下定义，描述它的本质。 当男人从事外部的分隔时，他被称为"乡绅"；而当他从事内部的分隔时，他被称之为"老爷"。 这两个称谓是区分两种分隔事务的标记。分隔是权力演绎的核心，它实践了权力的日常意义。 在分隔过程中，男人修长的指甲，像刀子一样划开了家族的时空。

男人所盘踞的空间位置，暗示了作为体系主宰的角色。 妻妾、儿女和奴婢在四周走动和嬉戏，不能侵入权力的中心，而他的视线却能抵达家的每个角落。 他是领袖、监护人、规训师和财物守望者。 而当他注视家庭其他成员时，他也被秘密地注视着。在他身后的墙上，张挂着地位显赫的先祖的纸质画像。 岁月在其上留下了无数污痕，画面黯黄而模糊。 而先祖的视线越过时空的边界，停留在子孙的后背上，令他感到了持久的温暖。

这是一幅令人慰藉的图画。交错的视线编织了家的气息，给主人以管理家园的信念。他是维系这个单位的唯一主人。他起身巡视整个院落，试图描述它的特征，寻找它的弱点，并加以适度的修补。他的生命轨道从天井起始，穿过前厅，向两侧厢房和后院延伸，停栖在卧榻的帷幕前。他要在那里工作，解决香火延续的重大难题。

卧房政治

主卧房是古典诗歌的吟咏对象。在江南老宅，它位于前厅的楼上。跟北方四合院大相径庭的是，江南主房的特征就是隐蔽。它站立在天井的某个角落，像一个低调的绅士，躲避着阳光的投射，也就是拒绝被他人的视线所照亮。在暗淡的小室里，庞大的卧榻几乎占据了一半空间。它是一座屋中之屋，有着自己的天花板、四柱和板壁。低垂的帐幔则构成了柔软的副门。那些细小的床帷事物，从帐钩、玉枕到为女人准备的罗帕和香扇，都是缄默而审慎的，围拥在男人的四周，散发出宁馨的气息。

在卧榻的板壁和木架上，到处布满精细的浮雕。在明朝第三个皇帝朱棣之后，这种床帷雕刻被逐步推向高潮。它是奇特的叙事，转述着元代遗留下来的民间戏曲故事，充满各种用以色诱的暗语；但另一些故事则截然不同，它们提供了节欲伦理的训诫。这些自相矛盾的主题，暴露出床帷主人的人格分裂。他热衷于创造后嗣，渴望性的享乐，同时又害怕精气被掏空。他在这种两难中挣扎，度过了茫茫黑夜。他的悔恨和他的狂欢密不可分。

火焰燃烧在烛台的上方，制造了闪烁不定的影子。除了男人的身体，还有一种燃烧的物体，那就是蛇一样盘结起来的线香，它被用来计算做爱的长度，散发出浓郁的檀香。失眠的男人则更喜欢滴漏，它产生的滴答声能够催眠。无论如何，火与水都参与了计算时间的进程。在闭抑的院落里，所有的生命都在缓慢流逝。

卧榻上的男人选择着不同的女人。这引发了妻妾之间的争斗。妻子是男人所有财物中最麻烦的一种。她们是家庭内部的应召女郎，在天黑后悄悄钻进男人的床帷。其他女人则对此装聋作哑。她们彼此结盟，联手打击最受宠的那个，为自己所生的儿女争夺权益。院落里到处弥漫着阴谋的气味。但有时他们也能和睦相处，聚集在一起，闲聊、推牌九、做女红和逛街，借此打发无聊的时光。

贴身丫环睡在床前的木垫上。在男人上床之前，这种木垫就是台阶，而当他就寝之后，木垫成了一张低矮的床，可以供丫鬟睡觉。她的使命是管匙、掌灯、进茶、侍尿、伺候主人跟妻妾做爱。贴身丫环具有隐形的权力，因为她是除男主人外掌握资讯最多的成员。她利用这种优势巩固权力，伺机升为内妾。经过低矮的木垫，她缓慢爬上了权力的高床，开始执掌男人的身体。这是贴身丫环的最高梦想。她超越了自身的等级。而男人此刻却已衰老。他的使命走到了尽头。他栖居在最后那个女人的身体里，像猪一样幸福着，等待祖先亡灵的召回。

乌镇的乌托邦

萧统的岁月

在 6 世纪初的温暖下午，一辆马车载着两岁的幼童走过石板路。 新立的梁国太子萧统回首而望，看见了夕阳残照。 这是帝国文化盛世的黄昏，老丞相沈约打着长长的哈欠，他的倦怠像风一样传染给小镇。 书院的气息昏昏欲睡，一群白鹅从身边走过，牧鹅女的红色绣包和鲜艳的鹅鼻，构成了奇妙的呼应，令太子心里涌起了一种无名的欢愉。 他好奇的姿态融入了少女的眼神，成为小镇上最恬静的风景。 河在石拱桥下缓慢地流动，运载桐油和木器的船只向北方行驶。 老妪在石阶上洗刷着青菜。 酱园的气味在四周蔓延，这些日常生活图景，就是公元 503 年的影像日志。 它被录制在时间的某个缝隙里，成为无数即将被遗忘的书页的一部分。

城镇、书院、船只、人群、气味和光线，这些事物都在流逝之中。 时间之河推翻了它们的统治。 这是一种缓慢的腐蚀，你几乎感觉不到它的衰老。 少年太子早已死去，变得尸骨无存，但他所目击的那些事物，却依旧存活了许多年，越过战乱和严酷的年代，被后来的人们热切地转述。

那个叫作沈雁冰的男人，像昭明太子一样走过小镇，看见了运载棉布的木船，以及林家铺子里楚楚动人的女孩。 而后，他也消失在岁月的迷雾里。 他的旧居，成为游客们窥视并指手画脚的地点。 看哪，那个著名的左翼作家！ 他们庸常的嘴脸和浅薄的议论，回旋在逝者的家园里，犹如一些无聊的影像碎片。 年迈的清洁工在附近打扫，把游客的影子跟垃圾一起扫进竹制簸箕。

灯光乌托邦

晚间 7 点到 10 点，是乌镇最富于诗意的时刻。 在短暂的三个小时里，泛光照明下的乌镇，呈现出圣朝乌托邦的景象。 泛光灯勾勒出木屋和石桥的轮廓，那些明清时代的建筑，伫立在细雨里，仿佛是一些被洗净了的器物。 它们的细节被灯光所照亮，甚至那些青瓦、斗拱、雕饰、木纹和窗页的转轴，都在蜿蜒的明暗中悄然显现。 而在那些复杂的阴影背后，是对历史的想象性空间。 它们像雾气一样弥漫在那里，向过去的岁月无限延伸。

这是一种截然不同的照明，它超越了中国所有旅游景点，也就是大红灯笼的图式。 基于张艺谋电影的暗示与引导，灯笼已经成为中国旅游景点的性感标志。 这种充满情欲的器物，由浙江义乌小商品市场所批发，在整个中国大陆泛滥，用以点缀暗淡的风景，激活游客们的情欲想象，就连云南的丽江古城，都无法摆脱这种恶俗装饰的纠缠。 它是旧王朝提供的老式霓虹灯，高悬于仿古建筑的屋檐之下，映照着游客们的猎艳表情。

只有乌镇西栅超越了这种经验模式。 它的照明拒绝红色，而是使用最普通的枝形节能灯。 柔和的黄白色光线，笼罩在沿河木屋的板壁和私人码头四周，在水面上形成倒置的镜像，制造出半明半昧的水乡幻景。 跟红色灯笼相比，这光线显示出历史的质朴性，并呼请着更为犀利和敏锐的感知力。 这是对游客的庸俗趣味的挑战。 而在那些古朴的旧宅里，隐匿着诸多装饰精美的高级会所，它们被现代化技术所改造，呈现着奢侈而低调的色泽。

在黑夜里沿河泛舟，成为西栅最迷人的节目。 船橹的"咿呀"声，混合着水被划动的声响，构成声音的细小戏剧。 小船穿越被泛光灯照亮的窄街、游廊、高低错落的屋檐和高高挑起的窗扉、空荡的露台、爬满青苔的石阶、深入水底的石柱……犹如穿越制作精美的电影布景装置。 七层的白莲塔是古镇的最高建筑，被泛光灯所笼罩，光华四射，成为游客辨认方向的地标。 但西栅没有酒肆的喧闹，也没有歌女的低吟浅唱以及琵琶和小鼓发出的乐声，只有更夫在远处敲打着梆子，喊出"小心火烛"的更语。 除了游客的低语，这是唯一属于小镇的人声，但它是表演性的，就像戏子在舞台上的叫板，高亢地飘荡在水面上，犹如来自水底的历史回声。

乌镇之夜

乌镇，也即乌托邦之镇，其名源于某个姓乌的将军。 据说他以自己的生命庇护了小镇。 一座现今已经毁坏的寺庙，曾经供养过这个传说中的唐朝英雄。 乌将军的亡灵化成银杏树，成为小镇唯一存活了上千年的精灵。 每年秋天，它的果实落向大地，仿佛是一次秘密的献祭。 但这个"乌"字，却有着另外的语义，那就是它的内在黑暗性。 越过千年的历史，乌镇终于从现代化改造中召回了自身的定义。

乌即黑色。 黑色的袖珍小城，充满了各种恬淡的色调，唯独没有真实的黑色，后来我才发现，它的黑色仅仅来自黑夜。 夜晚10点之后，更夫敲过最后一巡梆子，开始进入长时间的缄默。 所有的泛光照明都阒然消失。 那是比任何黑暗都更深的乌黑。 当人侧耳谛听时，其间既无城镇的人声喧闹，也没有乡村的寻常声响，没有乡村惯有的虫鸣、蛙叫和人声，没有一切活物的声息，甚至河流都终止了呼吸，冻结在时间之夜的深处。 乌镇陷于罕见的死寂。 在我的所有经验里，这是最黑暗的一种，把人推入了巨大的文化恐惧。 它揭示了乌镇西栅的死亡本质。

这其实就是时间之暗，无限地横亘在游者面前。 由于泛光照明体系的退出，明清建筑幻象退走了，想象性空间遭到推翻。所有通往过去的时间道路被切断，剩下的只有巨大无边的黑暗。在黑夜中，月色和星光（还有稀疏的客栈灯光和路灯光）成为唯一的光源，但它们不能修正这黑暗的属性，恰恰相反，这光的寒冷性加剧了黑夜之暗。 抽取了声音元素的黑暗，就是最彻底的黑暗。

声音（语音、噪音、乐音）、光线（灯光、火光和瞳仁里的微光）和气味（市井、酱园和厨房等）的同时退场，构成了"物"体系本身的空无。 这物不是活物，而是死亡之物，它因典藏而变得珍贵，又因典藏而死去。 尽管在那些阳光明媚的白昼，它因游客、戏园、茶馆和商铺（销售杭白菊、熏豆茶、姑嫂饼、红烧羊肉、三珍斋酱鸡、三白酒、丝绵和木雕竹刻等）的苏醒而重新复活起来，散发出短暂的生活气味。 蓝印花布在木架上高悬，随风猎猎飘动，犹如招魂的旗幡，但死亡是轮回的，它每天都要和黑夜一起返回，重新主宰这袖珍的市镇。

在西栅道路的尽头，是一座被严密看护的木质吊桥，警卫每天都在这里守夜，以阻止游客的擅自闯入。 进入这座诡异的小镇，需要购买昂贵的门票。 文化，是消费时代的最大商品。 在经过现代化（照明、空调、卫浴设备和上网宽带等）的改造之后，乌镇成为"情境消费"的典范。 它座落在大运河旁侧，长江流域湿地的某个角隅，被潮湿的气息所软化，显示出女人般的秀丽。 但它依然只是一具庞大的化石而已。

导致西栅死亡的唯一原因，在于它被人像器物一样封闭起来。 商人实施文化圈地，原住民遭到强迁，而重回故地则需要掌握民俗技能和会说普通话，这种高门槛的准入证阻止了居民的返迁。 本有的生活形态崩解了，建筑化为一堆木质的空壳，丧失了日常生活的琐碎气息，也就是丧失了生命活体的内在支撑。 它们在这博物馆逻辑中被修缮、还原和改造，变得更接近世人想象中的古代市镇，但它却是一种木乃伊形态。 居民的退场，就是西栅式暗淡的最大根源。 在赢利规划的过程中，旅游公司的董事们无视一个基本的事实：西栅的古老灵魂，早已被其旧主人装入竹篮带走了。

乌托邦的真相就是如此。 为了制造这种时间的幻象，乌镇付出了高昂的代价。 那些空寂的死屋和死魂灵，云集在小河的两岸，静待游客们的探访。 后者指望从那里寻求古典主义的浪漫梦想。 通往京杭大运河的镇河，仿佛就是那宽阔而柔软的道路，承载着游客们被商业污染的灵魂，要洗掉他们隐秘的罪，灯光则勾勒着梦境的轮廓，为诗意的旅行指明方向。 而在第二天早晨，游客们将带着这破裂的幸福离去。

丽江与大理的双城记

与吴越汉地的乌镇相比，云南更像是一个专为西方人所构筑的东方乌托邦。它向全球提供了一种美妙的人类学镜像。"香格里拉"这个词，聚结了西方对东方价值的估量，基于海拔和其他原因，它变得地位崇高起来：它企近太阳和星空，也更企近人们对远东的文化想象。

1922—1935 年，美国探险者约瑟夫·洛克为《国家地理》杂志所写的十篇文章，让西方世界获知了一个叫作"丽江"的纳西族聚居地。他为该杂志拍摄的六百幅玻璃底片，完整寄达了伦敦，以逼真的色彩印制出来，其上描绘了雄奇的冰峰，寺庙中戴着恐怖面具表演宗教仪式的舞者，以及小街上表情麻木的人群。此外，还有六万个植物标本被寄往美国，由各大学和植物研究机构分享，以干枯的形态表达着高原的灵魂。1922—1949 年，这个"性情专横"的"历史学家"，断续住在丽江古泸柯村（现已更名为玉湖村）的三合院里，成为那个区域唯一的白种居民。①

---

① 迈克·爱德华兹著，王泽译：《我们的洛克在中国》，载美国《国家地理》1997 年第 1 期，转载于云南政府外事办公室网站 http://www.yfao.gov.cn/index.aspx

从他旧居的院落里，可以眺望到玉龙雪山的雄奇姿影。 这座沉静高巍的大山，就是丽江古城的地理标志。

大研古镇意象

思茅出品的团茶和饼茶，穿越这里及昌都与拉萨，一直抵达缅甸、尼泊尔和印度，这是著名的茶马古道。 那些云南马帮早已从地图上消失，而马匹身上的铜铃，则在丽江的古董店里被高价出售。 它们带着近代史的痕迹悬吊于货架上，在游客的敲击下发出谙哑而悠长的叫喊。

被金钱仔细打磨过的大研古镇上，那些光线暗淡的店铺，在清式两层民居底部依次浮现，刺绣、扎染、银饰、木雕、铜器，各种工艺和物件层出不穷；草药铺里堆叠着各种气味幽淡的汉药，它们名叫田七、天麻、黄连、虫草、当归和灵芝，此外是那些更加神秘的藏药；远眺那些酒幌高悬的饭庄，窗户幽开，仕女巧笑，她们的影像织成了精巧的窗花；小厮和丫环们在店堂里嬉笑和打闹，到处弥漫着云南咖啡的香气，游客坐在露天餐桌旁，慢慢品尝着这种被高原土壤改造过的西方饮品，气定神闲，仿佛走进了风和日丽的宋朝。 而在夜晚，成串的灯笼定义着建筑的幽暗轮廓，"纳西古乐"从乐坊里悠然传出，俨然是一种时间的微弱回音。

在被联合国列为"世界文化遗产"名单之后，云南丽江①正在朝着商业主义一路狂奔，它虽然充满了喧闹和文化虚伪，却足

---

① 现今被游客所指谓的丽江古城,本名应叫大研镇,只是丽江市区的一部分而已。

以满足游客的民族想象。 古老而又时尚、异端而又典雅、自由而又谨严……所有这些对立性元素都已具备,而且呈现为一个彼此妥协的容貌。 巨大的水车构成了一个时间的隐喻,它要向我们暗示它对岁月的征服。 它是一个被市场加工的精细的历史布景,不倦地旋转在众多游客的猎奇镜头里。

丽江的魅力在于它超越这种旧物陈列的限定,向游客提供了一个稀有的浪漫幻境。 每天,那些来自世界各地的游客搭乘各种交通工具赶来,奔赴着情欲的欢宴。 他们在小街上闲逛,在酒吧里寻醉,在咖啡馆里久坐,从客栈的小窗向外远眺,期待着某种奇迹的降临。 由若干条山溪构成的纵向格局,成为丽江最迷人的空间。 清冽的泉水切割着小镇,向它注入灵气,并带走那些肮脏的秽物。 它也是为游客导向的地标,不倦地指示着从客栈到酒吧的方向。

情欲的战争

夜晚是丽江最风骚的时刻。 酒吧老板雇用的歌手,隔着小溪在各自的楼上疯狂斗歌,每天都要闹到凌晨。 这种招徕游客的手法,吸引了大批酷爱噪音的游客。 而在酒吧的前厅,藏族女孩早已在法国歌手的伴唱下长袖起舞。 她们的霓裳旋动在狭窄的空间里,散发出温热的高原风情。 纳西族女人则比较低调,她们穿着浅蓝色的老式服装,姿色平淡,勤勉地端茶送菜,甚至很少正眼看一下游客。 她们的生活具有理性,是这座小镇中唯一的例外。

就在酒吧的深处,那黯淡的灯光下,来自华北平原的女人在无聊地打发时光，用最名贵的威士忌酒灌醉自己。 每天，她的消费高达四五千元。 她跟那些男性游客调情，说各种机智俏皮的双关语，而男人则在一边附和，温存地耳语，他们的笑声放肆地滚动在坚硬的餐桌上。 这就是丽江最寻常普通的场景。 醉酒的女人定义了古镇的风流本性。

这似乎是所有人共同守护的事务。 没有人愿意公开谈论艳遇。 蓄势待发的情欲，漂浮在高脚酒杯里，俨然一堆金黄或玫瑰色的泡沫。 但无数暧昧的浪漫故事，每天都在喧闹之门的背后诞生，像溪水那样涌出，犹如昙花一现，却令人刻骨铭心。 廉价的红色灯笼，照亮了那些恍惚而空虚的眼神。

丽江是痴人和骗子的双重天堂。 到处是天真的献身和狡黠的骗局。 猎艳者在四处打量，搜索合适的单身对象。 猎人和猎物之间的对白，就像喜剧里的台词，散落在客栈的枕头上，散发出城市中产的风流气味。 有些人带着幸福的秘密离去，而另一些人则在这里长期漂流，跟小镇难以割舍。 但我们也已经看到，更多的游客将一无所获。 他们采购了各种药材、银器和织物，却依旧两手空空。 他们难以名状的惆怅，构成了丽江机场候机室的日常主题。

大理生死簿

跟风情万种的丽江相比，大理现出了老态龙钟的容颜。 古城内部因缺乏水源而露出干枯的表情。 那条著名的小洋人街，北侧是浓郁的殖民地情调，沉浸在幽暗的暧昧影调里，而南边则是粗俗的中国式商铺，被明亮刺眼的日光灯光所笼罩。 这是一种古怪的寓言，描述着大理在市场化进程中所陷入的自我破裂。除了"三月三"节庆和国定假日黄金周，大多数街道处于休眠状态，而跟丽江的繁华形成了鲜明对比。 那些生长在古屋顶上的茅草，与其说被用来证明其古老，不如说是在暗示它的凄清。 它们从瓦缝里探出头来，眺望着那些漫长无聊的岁月。

大理遭到了时间的清洗，正在面临一种缓慢凋零的结局。那些关于浪漫爱情的神话，曾经在 20 世纪 60 年代电影里光华四射，却因蝴蝶泉的干涸而荡然无存。 这里既没有传说里的泉水和梦幻般飞翔的蝴蝶，也没有表情甜蜜的美女。 它是一个仅存于导游解说词里的商业谎言。 站在大理古城门下的"五朵金花"——五个向游客索取合影费的白族少女，脸上涂满脂粉，洋溢着虚假的职业笑容，而这就是大理文化的苍白象征。

大理的灵魂远离古城，隐没在洱海里。 环湖旅行是一次令人难忘的经验，湖岸文明并没有涌现，它仅被质朴的乡村和白雪覆盖的苍山所环绕，呈现出无限美丽的景象，俨然是一座柔软的乌托邦，言说着那些不可解读的水体话语。 阳光在水面上滚动，编织着鱼鳞般的亮片，俨然是披挂在女人身上的银饰。 而在阳光的边缘，它变幻着从宝蓝到墨绿的色谱，在清澈发绿的湖水下面，是水族生命的秘密舞蹈，诉说着深不可测的意义。

线条粗硬的苍山是静默的，它的庞大身躯像墙垣一样，挡住了强劲的南风。 穿越滇南山脉，印度洋的气息变得微弱起来。它的顶部覆盖着纯洁的白雪，伫立在大湖南岸，脚下绵延着广袤的村庄、低矮的瓦房和田野。 金黄色的油菜花盛开，蜂群在风中舞蹈，大地上弥漫着牛粪的气息。 农夫在田野里耕作，他们的渺小的剪影，成了田野间最细小的风景。 苍山杳无人迹，它跟人类的关系，仿佛只是那种用以远眺的事物，铭刻着那些历史久远的白族神话。 在暗蓝色的山体之上，是经久不息的白色，而在它的底部，则在四季中变幻着金黄、嫩绿、深青、红赭与深褐，由此书写着苍山自身的奇幻色谱。

苍山与洱海的这种对位关系，是中国南方的地理奇迹，勾勒出农业时代的最高真理。 山的永恒性和水的短暂性，以及儒家所谈论的智性和善性，所有这些组成了对偶的符码，用以唤起旅行者的哲思激情。 在 1937 年的新年之夜，洛克曾经这样写道："我孤独得不能讲话。"这孤独就是浪漫之旅背后的语义。 在这壮丽的地理形态面前，所有的思想者都会站成一株孤寂的小树。

泸沽湖和杨丽萍

泸沽湖是比丽江更为纯粹的地点，据说它保留了更多的"文化原生态"。 在盛大的篝火晚会上，摩梭男人在前面领舞，舞步的节奏顿挫有力；身材高大的摩梭女人，拉着游客的手尾随其后，她们环绕篝火，构成了庞大的人圈。 灼热的火焰照亮了情欲想象的黑夜。 在"走婚神话"的煽动下，游客的激情在庭院里四处蔓延。 一些人在孜孜不倦地舞蹈，脸上浮现出狂欢的表情。另一些人则在静观和起哄。 而摩梭女则带着职业性的矜持微笑。 传说中她们用来勾引男人的纤纤手指，始终蜷缩在自己温热的掌心里。

游客就是过眼云烟。 在演唱情歌"玛达米"时，没有哪个摩梭女会天真地为他们支付情感。"摩梭浪漫主义"只有一个多小时的生命，晚会结束之后，所有的幻象便熄灭在火焰的余烬里。 居民和游客都将返回自身的角色。 大地恢复了日常的缄默。 泸沽湖是路人临时的客栈。 它只提供娱乐而不是激越的灵魂。 越过小客栈的窗口，可以看见无语的格姆女神山，它的庄严面貌，隐没在一个后现代的镜框里。 客栈主人——一群摩梭女人在楼下搓麻将和高声喧哗，她们是游客在泸沽湖畔所能听到的最后噪音。

杨丽萍在昆明精心编织着她的舞集《云南映象》。 她的细弱身躯在空气里颤动，和孔雀的轻盈灵魂合为一体；而她执导的"花腰彝"歌舞，其完美性令人目瞪口呆。 那些身材矮小的彝族农民在舞台上踩踏、讴歌和舞蹈，嗓音尖锐清亮，汇集成宏大的原生态和声织体，令所有现代文明所望尘莫及。 它是力量、优美和质朴的三位一体。 很少有一种土著歌舞，能够拥有如此令人震撼的力量。 它超越了美国黑人灵歌和毛利人歌舞，散发出无与伦比的人类学光辉。

然而，杨丽萍正在陷入一种深刻的文化悖论之中。 在全球化的语境中，拯救可能就是一种最高的伤害。 花腰彝歌舞的质朴性能否在商业性演出中得到维系？ 它所拥有的原初经验，是否会在文明传播过程中失真？ 彝族文化是否会因此而遭到风化？ 在国家大奖、西方巡回演出和广告表演中疲于奔命的杨丽萍，有没有足够的力量守住她的美学信念？ 这些都是令人忧思的问题。 我仿佛看见，杨丽萍采摘来的花腰彝歌舞，被人投进了一个盛满福尔马林液的玻璃罐，成为文化标本，然后到处去展览和陈列，向参观者收取门票。 正如丽江古城所经历的那样，资本逻辑的食指，正在叩响其壮丽而脆弱的命运。

跋

　　承蒙东方出版社组织编辑班子，耗费人力和精力来研究我的作品，将新作和旧作重新加以整合，形成一个新的图书系列——"朱大可守望书系"。 对于许多作者而言，这似乎意味着自己正在被"总结"和"清算"。

　　自从 1985 年进入公共写作状态以来，除了《流氓的盛宴》、尚未完稿的《中国上古神系》，以及刚上手的《中国文化史精要》三部专著，这些文字几乎就是我的全部家当。 我的书写历程较长，但作品甚少，跟那些著作等身之辈，相距甚为遥远。 这是由于近三十年来，我始终处于沉默和言说、谛听与絮语的交界面上，犹如一个持续运动的钟摆。 话语是一种魔咒，它制造狂欢，也引发忧郁和苦痛。 我无法摆脱这种周期式的涨落。

　　即将出版的几部文集（《神话》、《审判》、《时光》……），其素材选自两个方面，其一为已经出版过的旧作，如《燃烧的迷津》、《聒噪的时代》（《话语的闪电》）、《守望者的文化月历》、《记忆的红皮书》等；其二是一些从未结集出版的文章，分为建筑、器物和历史传奇等三种母题。 它可能会面对更为广泛的读者群落。 东方出版社以打散重编的方式重出这些旧作，是因为大多数文集印数甚少，传播的范围极为有限，其中《话语的闪电》又被书商盗版盗印，状况甚为糟糕。 我之有幸被出版人选中，并非因为我的言说有什么特别之处，而是在中国文化复苏思潮涌现之前，需要有更多反思性文献的铺垫。

在自省的框架里反观自身，我此前的书写，经历了三个时期：狂飙时期（青春期）、神学写作时期和文化批评时期。 其中30~40岁有着最良好的状态，此后便是一个缓慢的衰退和下降过程。 我跟一个不可阻挡的法则发生了对撞。 我唯一能做的是减缓这种衰退的进度。 如果这衰退令许多人失望，我要在此向你们致歉。 但在思想、文学和影像全面衰退的语境中，如果这种"恐龙式"书写还能维系住汉语文化的底线，那么它就仍有被阅读或质疑的可能性。

好友高华不久前在邻城南京溘然去世。 他的辞世令我悲伤地想到，在这变化跌宕的岁月，有尊严地活着，就是最高的福祉。 2012，玛雅人宣称的历史终结之年，犹如一条乌洛波洛斯蛇（Ouroboros），头部衔住尾部，形成自我缠绕的圈环。 这是时间循环的连续体，接续着死与生、绝望与希望、终结与开端的两极。 它描述了世界自我更新周期的刻度。 今天，我们正站在这个伟大的刻度之上。 历史就这样垂顾了我们，令我们成为转折点的守望者，并握有转述真相的细小权利。 还有什么比这更令人欣慰的呢？ 是为跋。

朱大可

2012 年 9 月 18 日

写于上海莘庄

朱大可守望书系

朱大可守望着文化最后一片自由的领地，
朱大可正在为文化的修复而呐喊，
中华民族的文化复苏之路沉重而艰难。
文化复苏，应当从每个人独立的反思开始！

《神话》

朱大可带我们
探寻五千年中华文明源头
解答我们的终极困惑

《审判》

朱大可
在狂欢年代中的焦虑与思考

《乌托邦》

朱大可眼中
有着我们未曾体会到的建筑与城市

《先知》

朱大可带我们重温
那个文学与文学批评的巅峰

《时光》

朱大可回望岁月的留影
为我们解读其中文化的密码